BARBARA FEGERL

SEELENFLÜSTERN

BARBARA FEGERL

SEELENFLÜSTERN
GANZHEITLICHE ENERGIEARBEIT MIT TIEREN

TRIQUESTRA

Deutsche Erstausgabe 2014
2. Auflage Oktober 2015

Layout, Cover, Grafik: Patricia Hellrigl
www.body-light-and-soul.at

Coverfotos, Foto Seite 283: Sabine Windsor
www.fotoandstyle.com

Druck: Druckerei Theiss, 9431 St. Stefan im Lavanttal

ISBN 978-3-9503721-1-3

www.triquestra.at

Aus der Anwendung der in diesem Buch beschriebenen energetischen Techniken können keinerlei Haftungsansprüche geltend gemacht werden. Der Begriff „Heilung" wird in diesem Buch ausschließlich im feinstofflichen Sinn verwendet, nicht in Bezug auf den Körper. Die energetische Harmonisierung ersetzt keine tierärztliche Diagnose und Behandlung!

INHALTSVERZEICHNIS

VORWORT

Als vor zehn Jahren ein Pferd in mein Leben trat, ahnte ich nicht, welche Veränderungen auf mich zukommen würden. Ich studierte Betriebswirtschaft und Psychologie und hatte den Plan, beides beruflich miteinander zu verbinden und eine Karriere im internationalen Personalmanagement anzustreben. Energetische Techniken und feinstoffliche Energien interessierten mich schon lange Zeit, jedoch nutzte ich Hilfsmittel wie Bachblüten und Akupressur ausschließlich für mich selbst.

Es stellte sich heraus, dass mein Pferd zwei gravierende chronische Krankheiten hatte: massive Darmprobleme aufgrund schlechter Fütterung in der Vergangenheit und ein verletztes Auge, das schwere Entzündungsschübe entwickelte. Schulmedizinisch gab es keine Hilfe. Man könne das Auge und ein Stück des Darms herausoperieren, hieß es. Die Diagnose war niederschmetternd: ohne die Operationen würde mein Pferd ein Leben lang starke Schmerzen und möglicherweise lebensbedrohliche Koliken haben. Damals war sie zwölf Jahre alt.

Ich beschloss, nach einer Lösung zu suchen, und begann, Alternativtherapeuten zu kontaktieren und selbst energetische Seminare zu besuchen und die erlernten Methoden an meinem Pferd anzuwenden. Die Verdauungsprobleme verschwanden langsam, die Augenentzündungen wurden jedoch immer schlimmer. Schließlich fand ich in der Aura- und Chakrenarbeit einen Ansatz, der mir Hoffnung gab. Es hieß, man könne seelische Hintergründe von Krankheiten erkennen und Heilung bewirken.

Ich begann eine dreijährige Ausbildung zum Aura-Reading und wandte abermals wieder alles Gelernte bei meinem Pferd an. Es stellte sich heraus, dass hinter ihren Augenentzündungen karmische

Ursachen steckten. Mein Pferd war allerdings noch nicht bereit, diese Erinnerungen zuzulassen. Mit der Unterstützung eines ganzheitlichen Tierarztes, der sie bis heute betreut, und durch Arbeit mit ihrem Inneren Kind gelang es ihr, das Urvertrauen, das sie als Fohlen verloren hatte, wieder zurückzugewinnen und langsam ließ sie die Auflösung ihrer karmischen Blockaden zu. Das Auge stabilisierte sich und seither geht es ihr gut.

Sabrina ist heute 23 Jahre alt, sie ist topfit. Und sie hat mich auf einen neuen Weg gebracht. Die Energiearbeit mit Menschen und Tieren wurde zu meiner Berufung, die Betriebswirtschaft habe ich schon lange an den Nagel gehängt.

Ich bin meinem Pferd unendlich dankbar, dass es mir dieses Geschenk gemacht hat. Viele der in diesem Buch beschriebenen energetischen Techniken habe ich gemeinsam mit ihr entwickelt.

Tiere schenken uns Menschen nicht nur ihre Liebe, sie können sogar große Lehrer für uns sein. Auch wenn wir in menschlichen Beziehungen noch so oft verletzt wurden und Angst davor haben, zu lieben und geliebt zu werden, lassen wir uns im Zusammenleben mit unseren Tieren meist bedingungslos auf sie ein. Tiere durchbrechen sanft und liebevoll alle feinstofflichen Barrieren, die wir um uns errichtet haben. Und viele Tiere nutzen die positive Macht, die sie über uns Menschen haben, um uns in unserer spirituellen Weiterentwicklung zu unterstützen. Sie tun dies meist unbemerkt.

In diesem Buch geht es darum, diese unsichtbaren seelischen Interaktionen zwischen Menschen und Tieren sichtbar zu machen und damit auch auf einer bewussten Ebene von der Weisheit der Tiere zu profitieren.

Ich hoffe, dass Sie, liebe Leserin, lieber Leser, ebenfalls Lust bekommen, sich mit Ihren Tieren auf den spirituellen Weg zu machen. Ich kann Ihnen versichern, es lohnt sich.

EINLEITUNG

Wer eine enge Beziehung zu einem Tier entwickelt, spürt meist, dass sich hinter den liebevollen Augen weit mehr verbirgt als ein freundliches Wesen. Menschen, die mit ihren Tieren sehr verbunden sind, erhalten meist ganz von selbst einen Zugang zu deren Seele und erkennen, wie vielschichtig Tiere denken, fühlen und handeln.

In der telepathischen Kommunikation bekommen wir eine Ahnung davon, wie viel sich in den Köpfen der Tiere abspielt. Der Einblick ins Aura- und Chakrensystem geht noch einen großen Schritt weiter. Das Energiesystem der Tiere enthält die verschiedensten Facetten ihres Wesens, auf seelischer, emotionaler und mentaler Ebene.

In der Aura eines Tieres zeigt sich, dass es nicht isoliert für sich steht, sondern in ein energetisches System eingebettet ist, das „morphogenetisches Feld" genannt wird. In der systemischen Beratung und Therapie ist schon lange bekannt, dass Tiere in menschlichen Systemen wie Familien wichtige Rollen einnehmen. Feinstofflich kann man die Beziehungen zu verschiedenen Familienmitgliedern wahrnehmen und energetische Verstrickungen näher ergründen und in weiterer Folge lösen. Denn oft bürden sich Tiere mehr auf, als sie tragen können. Dadurch entstehen häufig emotionale oder körperliche Probleme.

Tiere spielen große Rollen im Leben ihrer Menschen. Das zieht viel Energieeinsatz nach sich. Je mehr die Tiere ihren Menschen aufzeigen müssen, um sie im Leben weiterzubringen, desto weniger Energie bleibt den Tieren, um sich um ihre eigene energetische Ausgeglichenheit zu kümmern. In letzter Konsequenz werden viele von ihnen dadurch häufig schwer krank.

Energetisch lassen sich solche Verstrickungen schon sehr früh wahrnehmen und es kann durch Erkennen der Situation und das Treffen von Gegenmaßnahmen rechtzeitig eine Veränderung eingeleitet werden. Die Liebe zu ihren Tieren ermutigt Menschen häufig, sehr große Entwicklungsschritte zu machen. Wenn sie erkennen, wie positiv sich die Veränderungen auf ihre Tiere auswirken, führt das zu noch mehr Motivation, neue Wege zu gehen und selbst aus negativen Lebenssituationen auszusteigen.

Neben den Beziehungsthemen, die sich im Energiesystem zeigen, führen uns die seelischen Aspekte unserer Tiere meist zu einer neuen Betrachtungsweise.

In der Aura der Tiere zeigen sich alte Traumata, aber auch Belastungen aus früheren Inkarnationen. Oft kann man auf der seelischen Ebene einen Eindruck davon bekommen, welche großen Seelenaufträge Tiere auf der Erde haben und wie meisterhaft sie diese ausführen. Hinter scheinbarem Fehlverhalten steckt meist ein großer Lernauftrag für die Menschen, die mit dem Tier zusammenleben.

In diesem Buch werden diese energetischen Zusammenhänge im Aura- und Chakrensystem der Tiere dargestellt. Praktische Übungen und Meditationen erlauben es dem Leser/der Leserin, selbst die Wahrnehmung der Auraschichten und der einzelnen Chakren zu üben bzw. zu festigen.

Selbsterfahrung ist wichtig, wenn man mit Tieren energetisch arbeitet, denn nur, was man bei sich selbst wahrgenommen und in einem weiteren Schritt gelöst hat, kann man mit bzw. bei den Tieren lösen. Daher dienen die Meditationen neben dem Üben der Stille und dem Öffnen der feinstofflichen Wahrnehmungs-kanäle dazu, sich selbst und das eigene Energiesystem besser kennenzulernen.

Erfahrung in Tierkommunikation und/oder energetischen Techniken kann ein Vorteil sein, es werden aber keinerlei Kenntnisse oder Fähigkeiten vorausgesetzt.

Wer bereits Tierkommunikation ausübt, wird bei den praktischen Übungen wahrscheinlich bemerken, dass die Tiere über den telepathischen Kanal die energetischen Wahrnehmungen zusätzlich kommentieren oder erläutern. Bei vielen Menschen, die den Umgang mit feinstofflichen Energien erlernen und üben, stellt sich die Telepathie von selbst ein. Der Leser/die Leserin möge also bitte nicht erschrecken, wenn das Tier plötzlich während einer Wahrnehmungsübung zu sprechen beginnt.

Hinweis: In den Übungen und Meditationen wird der Leser/die Leserin mit „Du" angesprochen, da die Sie-Form eine zu große Distanz aufbauen würde. Bei diesen praktischen Teilen wird ganz besonders das Innere Kind des Lesers/der Leserin angesprochen, da dieser Anteil große intuitive Fähigkeiten hat.

Das Ziel dieses Buches ist es, dem Leser/der Leserin Möglichkeiten aufzuzeigen, Tiere besser zu verstehen und Zugang zu deren seelischen Dimension zu erhalten. Die Themen, die in den einzelnen Kapiteln besprochen werden, in Verbindung mit den Übungen und Meditationen erlauben es, sich Schritt für Schritt in eine neue Welt zu begeben, in der hinter Problemen im Zusammenleben mit Tieren wichtige seelische Hintergründe verborgen liegen. Sobald Menschen sich der Spiegelthemen, Beziehungsdynamiken sowie energetischen Verstrickungen mit ihren Tieren bewusst werden, wird ein neuer Umgang mit der Vergangenheit möglich, sowohl der eigenen als auch der des Tieres. Durch Annehmen des Spiegels, der einem vorgehalten wird, bekommen

Menschen eine enorme Chance, mit dem gegenwärtigen Zustand und mit der Vergangenheit Frieden zu schließen und dadurch neue Wege in die Zukunft einzuschlagen.

FEINSTOFFLICHE WAHRNEHMUNG

DIE HELLSINNE

Die Wahrnehmung von feinstofflichen Energien erfolgt über die sogenannten Hellsinne. Es handelt sich dabei um Wahrnehmungskanäle, die neben den grobstofflichen Sinnen (Riechen, Schmecken, Sehen, Hören, Fühlen) bestehen. Immer, wenn man etwas wahrnimmt, das grobstofflich nicht vorhanden ist, nutzt man dazu die Hellsinne.

Das Stirnchakra (oder Drittes Auge) nimmt feinstoffliche Energien aus der Umgebung auf und wandelt sie in Informationen um, die für Gehirn und Nervensystem begreifbar sind: innere Bilder, Gedanken, Sätze, Gefühle.

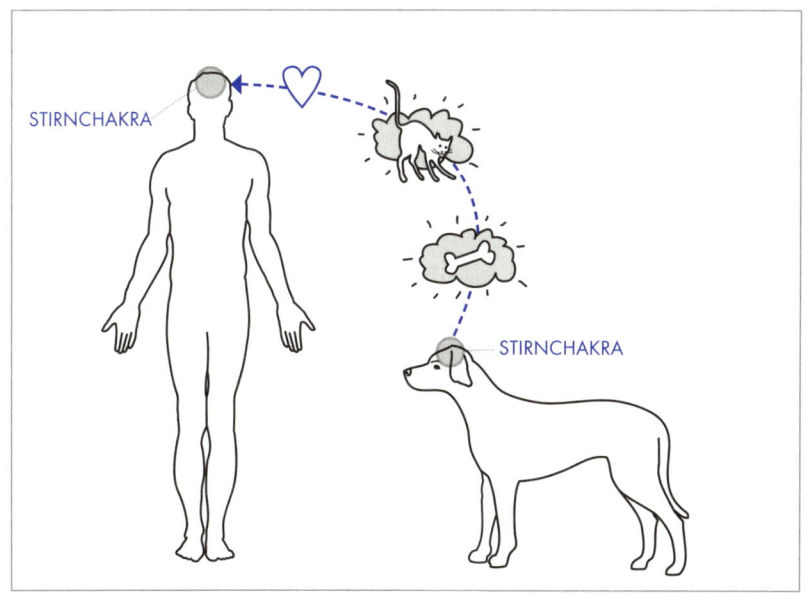

Abbildung 1

Schließe deine Augen und stelle dir eine Blumenwiese vor. Es ist Sommer, die Sonne scheint angenehm auf dich herab. Du fühlst die Wärme auf deiner Haut. Lege dich in die Wiese und atme den Duft der Blumen tief in dich ein. Spüre den Boden unter dir und die Grashalme, die dich auf deiner Haut kitzeln.

Du hast gerade deine Hellsinne dazu verwendet, die Umgebung wahrzunehmen. Versuche, dich mit offenen Augen daran zu erinnern, welche Eindrücke am stärksten waren. Hast du besonders intensiv gesehen? Oder waren deine Gefühle und Körperwahrnehmungen am stärksten? Ist dir ein besonderer Geruch aufgefallen? Waren Geräusche hervorstechend, vielleicht das Summen von Insekten? Hattest du einen Geschmack im Mund? Oder hast du vielleicht keinen einzigen dieser Eindrücke wahrgenommen, sondern hast einfach nur „gewusst", dass du dich auf einer Wiese befandest?

Die verschiedenen Hellsinne, die unterschieden werden, sind:

1. HELLSEHEN

Hier sind unterschiedliche Formen der Wahrnehmung möglich: das Sehen von einfachen oder komplexen Bildern und Bildabfolgen, von Licht, Farben und Energiemustern. Die meisten Menschen tun sich leichter, wenn sie die Augen geschlossen halten und innere Bilder wahrnehmen. Es gibt jedoch auch die Methode, mit offenen Augen feinstoffliche Energien zu sehen (z. B. Aurasehen vor einer weißen Wand).

2. HELLHÖREN

Dabei kann man Geräusche (z. B. das Wiehern eines Pferdes), Worte oder ganze Sätze wahrnehmen. Viele, die die Wahrnehmung des Energiesystems üben und bereits in der Tierkommunikation

Erfahrung haben, nehmen eine Art Kommentar des Tieres wahr, das ihnen erklärt, wo im Energiesystem Blockaden sind und wo die Energie frei fließt.

3. HELLFÜHLEN

Dieser Hellsinn beinhaltet das Fühlen von Körperempfindungen von Tieren und das Spüren ihrer Emotionen. Es ist über das Hellfühlen ebenfalls möglich, die Welt des Tieres zu erleben, indem man in deren Körper oder das Energiesystem geistig „hineinschlüpft".

4. HELLRIECHEN

Über diesen Hellsinn können Gerüche wahrgenommen werden, wie etwa der Geruch der Tierarzt-Ordination, wenn dort etwas geschehen ist, was das Tier energetisch belastet.

5. HELLSCHMECKEN

Dieser Hellsinn erlaubt es, geschmackliche Eindrücke feinstofflich wahrzunehmen.

6. HELLWISSEN

Dieser Hellsinn ist weit verbreitet, aber nicht sehr bekannt. Er wird leicht mit den eigenen Gedanken verwechselt, weil er ihnen sehr stark ähnelt. Menschen, die diesen Hellsinn sehr ausgeprägt haben, „wissen einfach", wie das Energiesystem eines Tieres schwingt und wo sich Blockaden befinden. Wenn jemand nur über diesen Hellsinn verfügt, ist es wichtig, die Unterscheidung von eigenen Gedanken oder Einbildungen immer wieder zu üben, um Verwechslungen zu minimieren.

Jede/r hat meist einen Hellsinn, der besonders stark ausgeprägt ist. Bei vielen Menschen ist es das Sehen oder Fühlen. Je häufiger man feinstoffliche Wahrnehmung übt, desto schneller entwickeln sich meist die weiteren Hellsinne, sodass man schließlich alle zur Verfügung hat.

Zu Beginn ist es wichtig, sich auf den Hellsinn zu konzentrieren, der von Anfang an schon gut ausgeprägt ist. Meistens will man allerdings das, was man nicht hat – hier gilt jedoch: Je mehr man etwas erzwingen möchte, desto schwieriger kann man es erreichen. Druck erzeugt in diesem Fall starken Gegendruck, alles, was man krampfhaft anstrebt, rückt immer weiter in die Ferne.

INHALTE DER FEINSTOFFLICHEN WAHRNEHMUNG

Wenn man sich für die Energien und feinstofflichen Informationen öffnet, die um einen herum sind, wird man meist von einer Vielzahl von verschiedenen Inhalten überflutet:

- Gefühle, Gedanken, Körperempfindungen, Schmerzen von Menschen und Tieren

- Energien von Pflanzen, Tieren, Menschen, Orten, Lichtwesen, elektrischen Geräten

- Handy, Fernsehen, Strom

- verstorbene Seelen

Weil diese Energien in ihrer Fülle und Vielfalt nicht sehr angenehm sind, lernen die meisten Menschen unbewusst, sich dagegen abzuschotten.

Möchte man das Energiesystem von Tieren wahrnehmen, ist es neben dem Lösen der Wahrnehmungsblockaden, die man im Laufe des Lebens gebildet hat, wichtig, die gezielte Wahrnehmung zu üben, das heißt nur bestimmte Energien (Auraschichten, Chakren eines Tieres) wahrzunehmen und andere auszublenden. Der Fokus auf bestimmte Energien wird daher ein wichtiges Thema in diesem Kapitel sein.

Was und wie man feinstoffliche Energien wahrnimmt, ist individuell sehr verschieden. Beispielsweise nehmen manche Menschen ganze Szenen aus dem Leben des Tieres wahr, wenn sie sich auf sein Energiesystem konzentrieren, andere empfangen ein Gefühl oder einen Geruch.

Beispiel

Ein Kater, der Freigang hat, kommt eines Tages mit einem blutigen Ohr nach Hause. Kurze Zeit später konzentrieren sich (in einem Seminar) drei Personen gleichzeitig auf das Energiesystem des Katers und suchen nach der Ursache der Verletzung.

Sie nehmen Folgendes wahr: Die erste Person sieht ein konkretes Bild von einem gefleckten Kater, der angreift. Die zweite Person hört den Satz „Ich wurde von einem jüngeren Kater angegriffen, der mir mein Revier streitig machen möchte." Die dritte Person spürt eine Rauferei mit einem anderen Tier und anschließend einen stechenden Schmerz im Ohr.

In der Aura ist immer die gesamte Erfahrung des Tieres vorhanden. Es hängt davon ab, welche Hellsinne die Person, die mit dem Tier arbeitet, zur Verfügung hat, auf welche Weise sie diese Erfahrung wahrnimmt. Hat jemand alle Hellsinne ausgeprägt, kann es sein, dass sich eine Erfahrung besser in Bildern als in Gefühlen vermitteln lässt und deshalb eher Bilder als Gefühle bei der Wahrnehmung in den Vordergrund treten. Die Feinabstimmung der Hellsinne erfolgt auf einer höheren Ebene zwischen der Person, die empfängt, und dem Tier, das die Informationen vermittelt.

WAHRNEHMUNGSBLOCKADEN

Jeder Mensch hat grundsätzlich die Fähigkeit, feinstoffliche Energien wahrzunehmen. Es handelt sich um etwas völlig Natürliches. Jedes Baby kann telepathisch kommunizieren und im Energiefeld von Menschen und Tieren lesen wie in einem offenen Buch. Im Laufe der Babyzeit und Kindheit werden diese Fähigkeiten allerdings meist ausgeschaltet oder zumindest reduziert, weil viele Kinder von dem, was sie wahrnehmen, überfordert sind. Oft sehen oder spüren sie verstorbene Verwandte, die „auf Besuch" kommen, und erleben, dass sie die Einzigen sind, die diese Energien sehen. Solche Erfahrungen können große Angst und starke Gefühle der Ohnmacht auslösen.

Babys nehmen Gedanken und Emotionen ihrer Mitmenschen wahr und wenn diese nicht nur positiv und liebevoll sind, kann das die Kinder sehr belasten. Kinder spüren, wie es ihren Spielkameraden geht. Damit wissen sie beispielsweise, wenn ein anderes Kind zu Hause körperlich oder seelisch misshandelt wird, und stehen mit dieser Wahrnehmung meist ganz allein da, weil sie es noch nicht verbal mitteilen können. Aufgrund der Überforderung, die in den meisten Fällen früher oder später geschieht, verschließen sich Kinder nach und nach feinstofflichen Energien. Manche entwickeln eine sehr dicke Schutzschicht, die im Erwachsenenalter nur schwer wieder abzulegen ist, andere nur geringe Wahrnehmungsblockaden, die sich leicht wieder entfernen lassen, sobald die Personen als Erwachsene das Gefühl der Sicherheit im Umgang mit feinstofflichen Energien entwickeln.

Wenn man im Erwachsenenalter nun seine Hellsinne wieder erwecken möchte, stehen die Schutzmechanismen, die man als Kind entwickelt hat, wie eine Mauer vor den feinstofflichen Energien und schirmen sie ab. Es kann sein, dass allein der Wunsch nach feinstofflicher Wahrnehmung reicht, die Mauer zum Bröckeln zu bringen, doch es dauert bei den meisten Menschen einige Zeit, die Blockaden so weit zu entfernen, dass sie das Energiesystem eines Tieres in vollem Umfang wahrnehmen können.

Die Schutzmechanismen sind wichtig, denn würde die feinstoffliche Wahrnehmung von einem Moment zum anderen im gesamten Ausmaß einsetzen, würde das wahrscheinlich zu einer neuerlichen Überforderung führen. Alles, was man bekämpft, erhält nur noch mehr Kraft. Dies gilt insbesondere für Wahrnehmungsblockaden. Besser ist es, sie als energetischen Selbstschutz zu würdigen und ihnen zu danken. Denn sie wirken als eine Art Filter, der nur das hindurch lässt, was man gut verkraften kann, und alles andere blockiert. Tiere, die aus dem Tierheim oder aus einer Tötungsstation kommen, haben meist Schreckliches erlebt. Die Bilder und Emotionen der gemachten Erfahrungen sind in ihrem Energiesystem gespeichert. Je stabiler man psychisch und emotional ist, desto mehr kann man meist feinstofflich auch wahrnehmen.

Menschen, die ihre feinstoffliche Wahrnehmung als Kind oder im Erwachsenenalter nicht blockiert haben, lernen in den meisten Fällen früher oder später, diese im Alltag auszublenden, um nicht von der Fülle an Informationen und Energien erdrückt zu werden. Je weniger man mit Menschenmassen (z. B. in öffentlichen Verkehrsmitteln, Büros, Geschäften) konfrontiert ist, je weniger Informationen man durch Medien (z. B. Fernsehen, Radio, Internet) aufnimmt, desto einfacher ist es normalerweise, feinstoffliche Wahrnehmung zuzulassen.

Da die meisten Menschen aber nicht abgeschirmt von der Umwelt in dünn besiedelten Gebieten leben, bleibt ihnen nichts anderes übrig, als sich darin zu üben, ihre Hellsinne im Alltag zu dämpfen und bei der Energiearbeit wieder einzuschalten. Man kann sich dieses Drosseln und Hochfahren der Wahrnehmung wie einen Lautstärkeregler vorstellen.

Grundsätzlich gilt: Je klarer das eigene Energiesystem ist, desto klarer ist die Wahrnehmung. Das Erste, was man daher tun sollte, bevor man sich mit feinstofflicher Wahrnehmung beschäftigt, ist, sich selbst und den Raum, in dem man sich aufhält, energetisch zu reinigen.

Dazu gibt es verschiedene energetische Hilfsmittel wie Räucherwerk oder Aura-Sprays, die ebenfalls sehr empfehlenswert sind, doch die wichtigste Technik ist die geistige Reinigung. Dazu benötigt man nur etwas Zeit, Ruhe und Vorstellungsvermögen.

Folgende Meditation, die am besten (in einer Kurzversion oder in der gesamten Länge) vor jedem energetischen Arbeiten durchgeführt werden sollte, dient dazu, das eigene Energiesystem zu klären und sich in der Erde zu verwurzeln. Die reinigenden Licht-Energien, die man in Form eines Licht-Wasserfalls aus dem Universum aufnimmt, und die liebevolle, nährende Energie der Erde vereinigen sich im Körper und führen zu einer energetischen Zentrierung, die eine gute Basis zum energetischen Arbeiten bietet.

MEDITATION: REINIGUNG UND VERWURZELUNG

Setze dich bequem und aufrecht hin, schließe die Augen, atme ein paar Mal tief ins Becken. Erlaube deinem Körper und deinem Geist, zur Ruhe zu kommen. Spüre, wie du mit jedem Atemzug mehr in deine Mitte und in deine Kraft gelangst.

Stelle dir nun vor, dass du dich in einer wunderschönen Landschaft befindest, vielleicht auf einer tropischen Insel. Die Sonne scheint auf dich herab, es hat genau die Temperatur, bei der du dich wohlfühlst. Du fühlst dich dort sicher und geborgen. In dieser Landschaft befindet sich ein Wasserfall aus kristallklarem Licht. Du stellst dich unter den Wasserfall und das kristallklare Licht fließt an dir herab.

Das sanfte Licht spült alle Gedanken, alles, was im Moment noch bei dir ist und dich aus deiner Mitte bringt, weg und macht Platz für Neues. Das kristallklare Licht spült deine Zweifel, deine Ängste, deine Befürchtungen weg, sie sickern in die Erde und werden dort liebevoll transformiert. Der Licht-Wasserfall reinigt dich und erfüllt dich mit Klarheit, Wachheit und Kraft. In dir wächst die Sicherheit und das Vertrauen, dass, auch wenn du dir den Licht-Wasserfall noch nicht so gut vorstellen kannst, wenn deine inneren Bilder und deine Wahrnehmung noch nicht so stark sind, doch alles genau so geschieht, wie es für dich in diesem Moment gut ist.

Das kristallklare Licht reinigt die Vorder- und Rückseite deines Körpers, fließt über die Außenseite deiner Arme und Beine und über die Innenseite. Das Licht spült alle Blockaden und alle Emotionen, die dich daran hindern, dein volles Potenzial zu leben, weg, reinigt dich und lädt dich auf. Jede Auraschicht wird mit der Klarheit des Licht-Wasserfalls erfüllt. Nun fließt der Wasserfall aus kristallklarem Licht auch von oben in dein Kronenchakra an der Oberseite deines Kopfes hinein und reinigt deinen Körper von innen. Das kristallklare Licht reinigt die Innenseiten deines Gesichts, spült deine Augen-höhlen und deine Gehörgänge. Es umfließt ganz sanft und vorsichtig deine beiden Gehirnhälften. Der kristallklare Wasserfall bewegt sich durch deinen Kiefer, deinen Hals, umspült und entspannt den Nacken und die Schultern und strömt dann sanft durch deinen Oberkörper und durch deine Arme und bei den Händen wieder hinaus.

Der kristallklare Wasserfall fließt deine Wirbelsäule hinab und umspült sanft jeden einzelnen Wirbel. Das Licht strömt nun durch deinen gesamten Körper, reinigt dabei alle Organe, alle Knochen, alle Muskeln, alle Sehnen, alle Gelenke, reinigt jede einzelne Zelle und lädt sie mit Freude, Liebe und Klarheit auf. Der Wasserfall strömt durch deine Beine, tritt an den Fußsohlen hinaus und fließt in die Erde, die alles liebevoll aufnimmt und transformiert.

Das kristallklare Licht reinigt auch deine Chakren von innen. Du kannst dir deine Chakren wie kleine Blüten vorstellen, die sich in deinem Energiesystem befinden und für den Energie-austausch zuständig sind. Auch wenn du nicht genau weißt, wo sich deine Chakren befinden, geschieht alles ganz von allein und genau so, wie es in diesem Moment gut für dich ist.

Der Wasserfall fließt weiter sanft und angenehm an dir und in dir herab und du bemerkst, dass er seine Farbe langsam verän-dert und jetzt zu goldenem Licht wird. Auf der Höhe deines Herzchakras, in deinem Brustkorb, entsteht nun eine goldene Schale, in die das Licht hineinfließt und sie langsam auffüllt. Und erst, wenn die Schale ganz voll ist, fließt das goldene Licht über und strömt in deinem Körper nach unten, durch deine Beine in den Boden. Dort entstehen goldene Wurzeln, die durch alle Erdschichten hindurch ins Erdinnere wachsen. Sie wachsen immer weiter nach innen, in die Erde hinein. Dort ist es angenehm warm, du fühlst dich völlig geborgen und geliebt. Im Erdinneren ist eine Höhle, die Geborgenheit und bedingungslose Liebe ausstrahlt.

Deine Wurzeln verankern sich in dieser Höhle und du ziehst nun die goldene Erdenergie, voller Liebe und Wärme, hinauf, durch deine Wurzeln, bis zu deinem Becken und lädst es mit der goldenen Energie, mit absoluter Geborgenheit und Vertrauen auf. Von deinem Becken aus verteilt sich die goldene Energie in deinem ganzen Körper. Du fühlst dich absolut geborgen und geliebt. Du kannst jederzeit deine Wurzeln im Erdinneren verankern, immer dann, wenn du Stabilität, Geborgenheit, Gehaltenwerden brauchst.

Genieße dieses Gefühl noch einen Moment. Nun spürst du, wie sich die Energie langsam zurückzieht. Komme langsam mit deiner Aufmerksamkeit wieder in deinen Körper zurück. Spüre deine Arme und deine Beine, bewege sie langsam, nimm den Raum um dich herum wahr und öffne dann in deinem Tempo wieder deine Augen.

Die Meditationen kann man entweder durchführen, indem man sich den Text durchliest und dann alles Schritt für Schritt visualisiert oder sie anhand der dem Buch beigefügten CD macht. Mit einiger Übung geht es sehr leicht und schnell, sich folgende Schritte nacheinander vorzustellen bzw. zu visualisieren:

- Licht-Wasserfall, unter den man sich stellt

- spüren, wie die eigene Aura dabei gereinigt wird

- besonders auf die Stellen konzentrieren, die sich nicht harmonisch anfühlen

- goldene Wurzeln wachsen lassen

- goldene Energie hinaufziehen, im Körper verteilen

- mit dem Gefühl der Verwurzelung wieder die Augen öffnen

Es ist empfehlenswert, sich für die Kurzversion der Meditation zwischen 5 und 10 Minuten Zeit zu nehmen. Die ausführliche Meditation benötigt ca. 25 bis 30 Minuten.

Meditationen sind eine gute Grundlage für jede Form der energetischen Wahrnehmung. Man übt dabei vor allem, in die Stille zu gehen. Während man sich die Dinge, die in der Meditation vorgegeben sind, vorstellt, schaltet man großteils eigene Gedanken aus. Das ist eine Grundvoraussetzung dafür, sich der feinstofflichen Wahrnehmung zu öffnen. Andererseits werden die Hellsinne in der Meditation geschult, wenn man Bilder visualisiert, sich Körperempfindungen vorstellt, Geräusche, Gerüche, Landschaften oder energetische Zustände wahrnimmt.

Es empfiehlt sich daher, möglichst täglich Zeit für eine Meditation einzuplanen. Es muss nicht immer eine lange, geführte Reise sein, sie kann auch darin bestehen, sich 10 Minuten lang hinzusetzen, die Augen zu schließen und sich die Reinigung durch den Licht-Wasserfall vorzustellen. Wichtig ist, Meditationen fix in den Alltag einzuplanen, als Teil der täglichen Routine, ähnlich wie das Zähneputzen. Man kann sie mit einem anderen Vorgang verbinden, z. B. unter der Dusche stehend den Licht-Wasserfall visualisieren.

GEISTIGE AURA- UND CHAKRENWAHRNEHMUNG

1. REINIGUNG

Bevor man sich auf das Energiesystem eines Tieres einstimmt, ist es wichtig, wie zuvor beschrieben, die eigene Aura zu reinigen. Zusätzlich kann man sich im Verlauf der Licht-Wasserfall-Meditation vorstellen, wie sich das Licht auf den ganzen Raum ausdehnt, in dem man sich befindet, und diesen energetisch klärt.

Je leerer und gereinigter der Raum physisch ist, desto besser. Wenn ein Zimmer voller Erinnerungsstücke, Familienfotos und Bücher ist oder wenn in ihm immer wieder Streitigkeiten ausgetragen werden, verzweifelte oder schlecht gelaunte Menschen sich häufig in ihm aufhalten, dann ist zusätzlich eine gründliche energetische Reinigung mit Räucherwerk empfehlenswert.

Alle belastenden Energien, die sich im Raum befinden, verhindern, dass man sich der Wahrnehmung öffnet, weil der eigene Selbstschutz negative Energien im Raum nicht wahrnehmen möchte. Besonders, wenn man sich an einem Ort aufhält, an dem man nicht genau weiß, was dort schon alles geschehen ist, ist es wichtig, zu räuchern und geistig zu reinigen, bevor man sich mit feinstofflicher Wahrnehmung befasst.

Im schlimmsten Fall befinden sich die Seelen Verstorbener noch im Raum. Es kann einem einen großen Schrecken einjagen, eine solche Energie zum ersten Mal wahrzunehmen.

Am besten gelingt feinstoffliche Wahrnehmung (vor allem am Anfang) dann, wenn man sich einen Bereich der Ruhe und der Entspannung gestaltet. Am besten begibt man sich an einen gemütlichen Platz, an dem man ungestört ist, und schaltet das Handy ab. Wenn möglich, sollte man die Türklingel auf lautlos stellen.

2. FOKUSSIEREN

Um das Kreisen der eigenen Gedanken so weit wie möglich auszuschalten, kann es hilfreich sein, sich auf den eigenen Atem oder auf Körperempfindungen zu konzentrieren und zu versuchen, völlig zu sich zu kommen.

Man stellt sich anschließend auf seine eigene Art und Weise vor, offen zu sein für Bilder, Gefühle, Empfindungen und feinstoffliche Energien. Man nimmt innerlich eine aufnahmebereite Haltung ein, am besten wie ein Kind, frei und unbefangen. Das muss nicht perfekt funktionieren, es sollte nur der Fokus auf eine solche Einstellung gerichtet werden. Feinstoffliche Wahrnehmung lässt sich nicht erzwingen, je strenger man zu sich selbst ist, desto mehr blockiert man sich meist.

Wenn man das Energiesystem eines Tieres wahrnehmen möchte, das im Raum anwesend ist, kann man es noch einmal genau ansehen und sich vorstellen, es zu streicheln. Danach ist es meist einfacher, die Augen zu schließen. Viele Tiere nehmen eine typische „Arbeitshaltung" ein, die häufig darin besteht, dass sie sich vom Menschen wegdrehen und einzuschlafen scheinen oder den Raum erkunden, sich scheinbar auf etwas anderes konzentrieren. Davon darf man sich nicht verunsichern lassen. In den seltensten Fällen sehen die Tiere einem direkt in die Augen, wenn man sich auf ihr Energiesystem konzentriert. Es ist also als gutes Zeichen zu werten, wenn das Tier einen offenbar ignoriert, während man die feinstoffliche Wahrnehmung übt.

Energien sind unabhängig von Zeit und Raum. Man kann daher auch das Energiesystem eines Tieres wahrnehmen, das sich an einem anderen Ort befindet. Bei einer energetischen Wahrnehmung auf Distanz ist es hilfreich, etwas zu haben, womit man Kontakt zum Tier herstellen kann. Das können Haare des Tieres, ein Foto oder ein Gegenstand wie ein Halfter, ein Halsband oder ein Spielzeug sein. Mit einiger Übung und dem nötigen Vertrauen genügt ein Gespräch mit dem Tierbesitzer/der Tierbesitzerin, damit man eine Verbindung aufbauen kann.

3. HERSTELLEN EINER VERBINDUNG ZUM TIER

Um eine liebevolle Verbindung zum Tier herzustellen, kann man sich vorstellen, dem Tier Licht zu senden. Dies kann gut in Verbindung mit der geistigen Reinigung gemacht werden. Man reinigt zuerst die eigene Aura, indem man sich unter den Licht-Wasserfall stellt, und dann sendet man einen Teil des Lichts zum Tier und bestimmt, dass dieses Licht während der gesamten Wahrnehmung fließt.

Nun konzentriert man sich mit geschlossenen Augen auf das Energiesystem des Tieres und versucht, möglichst entspannt zu bleiben und darauf zu achten, welche Wahrnehmungen sich einstellen: Das können Gefühle, Gedanken, Bilder, Worte, Sätze, Ideen, Erinnerungen, Gerüche oder Geschmackswahrnehmungen sein. Wenn man möchte, kann man sich währenddessen Notizen machen.

Wenn die Wahrnehmung abgeschlossen ist, „schaltet" man den Licht-Wasserfall wieder ab und beendet den Lichtstrahl in Richtung Tier, verabschiedet sich von und bedankt sich bei dem Tier.

4. TRENNEN DER VERBINDUNG ZUM TIER

Es ist wichtig, den Kontakt zum Tier am Ende bewusst zu trennen und die Wahrnehmung wieder zu beenden. Während des Kontakts zum Tier bilden sich energetische Verbindungen, über die Energie zwischen Mensch und Tier fließt. Trennt man diese Verbindungen nicht bewusst, können sie in weiterer Folge Energieverlust bei Mensch und/oder Tier bewirken. Diese Zusammenhänge werden ausführlich im Kapitel „Energetische Aspekte der Mensch-Tier-Beziehung" erläutert.

Zum Trennen der Verbindung stellt man sich am besten vor, dass die Energie, die zwischen einem selbst und dem Tier fließt, sich zurückzieht. Dann visualisiert man eine goldene Schere, mit der man die möglicherweise weiter bestehenden Verbindungen durchtrennt. Alternativ kann man Erzengel Michael um Unterstützung mit seinem Lichtschwert bitten, oder ein Krafttier zu Hilfe holen.

5. DÄMPFEN DER WAHRNEHMUNG

Nach dem Wahrnehmen von feinstofflichen Energien, bevor man wieder in den Alltag zurückkehrt, ist es wichtig, die Wahrnehmungskanäle wieder teilweise zu verschließen, um sich selbst nicht zu sehr zu überfordern.

Dazu ist es hilfreich, sich mit einer „goldenen Kugel" zu schützen. Bei dieser energetischen Schutztechnik konzentriert man sich bewusst auf die siebte Auraschicht, den Kausalkörper, der sich ca. einen Meter vom Körper (des Menschen) entfernt befindet. Er umschließt den Körper und alle anderen Auraschichten in einer Ei-Form. Diese Schutzhülle besitzt jedes Wesen (Menschen, Tiere, Pflanzen, Mineralien). Sie passt sich an die jeweilige Körpergröße an, wächst also bei Mensch und Tier im Laufe der Kindheit. Durch die bewusste Konzentration auf diesen Schutz verstärkt sich die

Wirkung. Da es sich um eine natürliche, ohnehin bestehende Hülle handelt, ist diese Methode meist wirkungsvoller als andere.

In folgender Meditation kann man diesen Schutz rund um das Energiesystem wahrnehmen und bewusst verstärken. Zusätzlich wird eine weitere goldene Kugel um den Kopf visualisiert, die dazu dient, sich geistig fokussieren zu können, und damit eine gute Unterstützung für energetische Wahrnehmungsübungen bietet.

ॐ MEDITATION: GOLDENE KUGELN

Setze dich bequem und aufrecht hin, schließe die Augen und atme einige Male tief ins Becken. Erlaube deinem Körper und deinem Geist, zur Ruhe zu kommen. Spüre, wie du mit jedem Atemzug mehr in deine Mitte und in deine Kraft gelangst.

Stelle dir nun wieder vor, dass du dich in einer wunderschönen Landschaft befindest, vielleicht auf einer tropischen Insel. Die Sonne scheint auf dich herab, es hat genau die Temperatur, bei der du dich wohlfühlst. Du fühlst dich dort sicher und geborgen. Du nimmst dort wieder den Wasserfall aus kristallklarem Licht wahr und stellst dich eine Weile darunter. Das Licht fließt an dir herab. Spüre, wie dein Energiesystem gereinigt wird. Nun fließt der Wasserfall aus kristallklarem Licht sanft von oben in dein Kronenchakra an der Oberseite deines Kopfes hinein und reinigt deinen Körper auch von innen. Nimm dir Zeit dazu.

Wenn du dich gereinigt und aufgeladen fühlst, trete unter dem Wasserfall hervor und stelle dich neben ihn auf einen angenehmen Untergrund, vielleicht auf eine Wiese oder einen Waldboden. Visualisiere nun eine Kugel aus goldenem Licht, die deinen ganzen Körper und deine gesamte Aura wie eine Eierschale oder Schutzhülle umschließt. Dieser Schutz war schon immer da, du machst nichts anderes, als ihn mit deiner

Vorstellungskraft zu stärken und ihn bewusst wahrzunehmen. Nimm wahr, wie sich die Kugel aus goldenem Licht durch die Aufmerksamkeit, die du ihr schenkst, von selbst an der Außenseite immer mehr verdichtet, bis sie eine schützende, aber dennoch flexible Schicht geworden ist, die äußere Einflüsse, die dir nicht gut tun, abhält. Die goldene Kugel transformiert die Energie, die auf sie prallt, bevor sie sie wieder an den Absender zurücksendet, somit werden wie von selbst negative in positive Energien umgewandelt. Spüre, wie das Licht der goldenen Kugel jede Zelle deines gesamten Körpers und dein ganzes Energiesystem mit frischer Energie und Kraft versorgt und dich schützt. Stelle dich dann ein weiteres Mal unter den Licht-Wasserfall, um auch das Innere der goldenen Kugel zu reinigen und alle Blockaden hinauszuspülen.

Nun visualisiere eine zweite, kleinere goldene Kugel um deinen Kopf, die dafür sorgt, dass du ganz bei dir bleibst und deine Gedanken frei von äußeren Einflüssen sind, außer, du öffnest dich ihnen bewusst. Stelle dir vor, dass an den beiden goldenen Kugeln alles, was dir in diesem Moment nicht gut tut, in transformierter Form abprallt und nur das von außen hereinkommt, was dir gut tut. Du kannst diese beiden goldenen Kugeln jederzeit in deinem Alltag visualisieren, um dich zu schützen.

Komme dann in deinem Tempo wieder ganz in deinen Körper und in den Raum zurück, in dem du dich befindest, und öffne wieder die Augen.

Diese Meditation kann man mit einiger Übung als Kurzmeditation durchführen, z. B. am Morgen, bevor man in die Arbeit fährt. Man kann dann geistig bestimmen, dass die beiden goldenen Kugeln während des gesamten Tages das Energiesystem schützen.

Wenn man mit einem Tier energetisch gearbeitet (bzw. sein Energiesystem wahrgenommen) hat, kann man abschließend eine goldene Kugel um das Tier und eine goldene Kugel um sich selbst visualisieren, bevor man (wie bereits beschrieben) die energetischen Verbindungen zwischen sich selbst und dem Tier löst.

Unterstützung der Wahrnehmung durch Krafttiere oder Lichtwesen:

Wer gerne mit Krafttieren, Engeln oder anderen Lichtwesen arbeitet, kann diese um Unterstützung in folgenden Punkten bitten:

- Reinigung des Raumes

- Klärung der eigenen Aura

- Herstellung einer Verbindung zum Tier

- Unterstützung bei einer klaren Wahrnehmung

- nach der Verabschiedung vom Tier:
  Begleitung des Tieres auf seinem weiteren Weg

UNTERSCHIED ZWISCHEN TELEPATHIE UND AURA- UND CHAKRENWAHRNEHMUNG

Da viele Menschen, die Energiearbeit mit Tieren lernen, den Einstieg über die Tierkommunikation machen, stellt sich in Seminaren häufig die Frage, was telepathische Kommunikation und energetische Wahrnehmung voneinander unterscheidet. Bei beiden werden die Hellsinne eingesetzt, die Wahrnehmung beruht auf feinstofflichen Bildern, Worten, Tönen, Gefühlen und anderen Sinneseindrücken.

Allerdings ist die Wahrnehmung energetischer Zusammenhänge viel umfassender als die Telepathie, bei der es sich vielmehr um einen mental-emotionalen Gedankenaustausch handelt. In der Tierkommunikation kann man ein Tier fragen, wie es ihm geht, und es kann von Gefühlen und Körperzuständen berichten. In der energetischen Wahrnehmung sind Dinge erkennbar, die dem Tier nicht bewusst sind. Es handelt sich sozusagen um einen Blick ins Unterbewusstsein, während Telepathie meist bewusste Inhalte hat.

Hinweis: Auch in der Tierkommunikation sind Gespräche auf seelischer Ebene möglich, in denen ebenfalls Inhalte besprochen werden können, die dem Tier mental nicht bewusst sind. Hier verschwimmen die Grenzen zwischen Telepathie und Energiearbeit. Solange man in der Tierkommunikation allerdings auf der emotionalen, körperlichen oder mentalen Ebene bleibt, ist sie auf Inhalte beschränkt, die dem Tier bewusst sind.

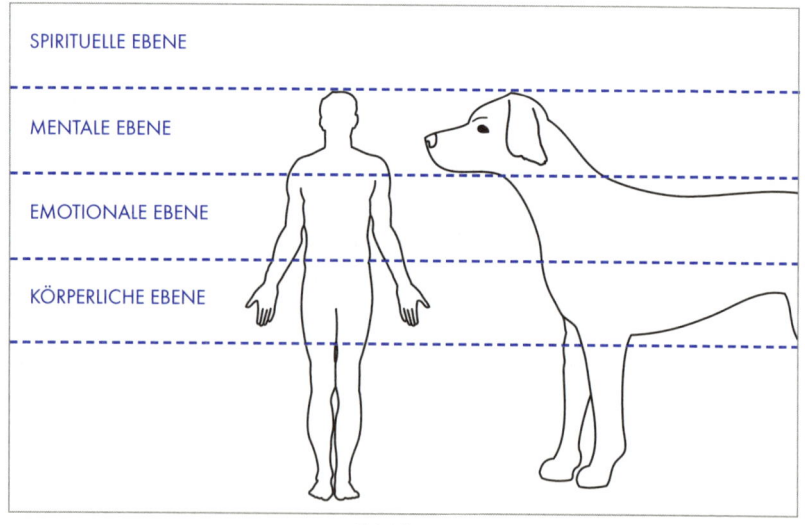

SPIRITUELLE EBENE

MENTALE EBENE

EMOTIONALE EBENE

KÖRPERLICHE EBENE

Abbildung 2

Je nach Gesprächsthema oder Fragestellung bewegt man sich in der Tierkommunikation auf folgenden vier Ebenen:

- **körperliche Ebene:** z. B. Essen, Trinken, Wohnsituation (Stall, Käfig, Weide, Koppel, Gehege, Wildnis), Überleben, körperliche Befindlichkeit

- **emotionale Ebene:** z. B. Liebe, Trauer, Freude

- **mentale Ebene:** z. B. Glaubenssätze, Gedanken, gedankliche Verarbeitung von Erlebnissen

- **spirituelle Ebene:** z. B. Sinn des Daseins, innere Weisheit, energetische Blockaden, Auraschichten, Chakren, traumatische Erfahrungen

Die Ebene wird durch die gestellten Fragen bestimmt. Manchmal wählt das Tier auch von sich aus eine Ebene (z. B. Seelenebene). Um genauer zu erfahren, welche belastenden Situationen ein Tier erlebt hat, die beispielsweise zu Verhaltensproblemen oder Krankheiten geführt haben, kann man das Tier entweder mittels Tierkommunikation auf Seelenebene fragen oder es in der Aura oder in den Chakren wahrnehmen.

Der Vorteil der energetischen Wahrnehmung besteht darin, dass man direkt zur Energiearbeit übergehen kann, um die Selbstheilungsprozesse des Tieres zu stärken. Hat man nur die Tierkommunikation zur Verfügung, kann man dem Tier nur zuhören, sein Mitgefühl ausdrücken, aber nicht direkt helfen.

Ein weiterer Unterschied zwischen energetischer Wahrnehmung und Tierkommunikation besteht darin, dass energetische Zusammenhänge meist weniger greifbar sind als die telepathischen Aussagen der Tiere. Im Energiesystem der Tiere gibt es keine objektiven Wahrheiten. Jeder nimmt den Zustand des Energiesystems anders wahr.

Wenn man das Chakren- oder Aurasystem der Tiere betrachtet, erhält man verschiedene Eindrücke, Gefühle oder Bilder. Diese sind sehr individuell und durch die spezielle Wahrnehmungsweise, aber auch Lebenserfahrung, Offenheit und individuellen Zugang der jeweiligen Person gefärbt. Jeder nimmt einen anderen Aspekt des Energiesystems wahr. Damit gelangen verschiedene Menschen zu unterschiedlichen Wahrnehmungen. Letztendlich sollten diese tendenziell Ähnliches ausdrücken. Doch wie genau sich energetische Zusammenhänge in einzelnen Aspekten ausdrücken, ist von Person zu Person sehr verschieden.

DAS CHAKRENSYSTEM DER TIERE

Der Begriff Chakra kommt aus dem Sanskrit und bedeutet „Rad". Die Chakren werden traditionell im Hinduismus und Yoga beschrieben. Es handelt sich um Energiezentren, über die Lebensenergie (Prana, Qi) ins Energiesystem eines Lebewesens strömt.

Die Energie wird von der Aura aufgenommen und durch die Chakren über die Meridiane in den Körper geleitet. Im Gegenzug strömt verbrauchte Energie aus den Chakren heraus und wird über die Aura an die Außenwelt abgegeben. Es findet in den Chakren also eine Art „Ein- und Ausatmung" von Energie statt.

Wenn es einem Menschen nicht gut geht, spüren andere Menschen und Tiere es auf energetischer Ebene, weil diese Person negative Energie an die Umwelt abgibt: Emotionale Belastungen, negative Gedanken, Stress und vieles andere.

Menschen und Tiere sind starke Transformatoren, die negative Energie in positive umwandeln. Wenn jemand allerdings sehr belastet ist, gibt er mehr negative als positive Energie ab.

Wenn Tiere mit Menschen zusammenleben, sind es meist die Menschen, die belastet sind, und die Tiere, die sich energetisch im Gleichgewicht befinden. Meist ist der Energieaustausch daher für die Tiere zum Nachteil.

Menschen, die ihre Tiere lieben, sollte es daher besonders am Herzen liegen, sich um ihr energetisches Gleichgewicht zu kümmern, damit sie die Transformationsarbeit ihrer Tiere nicht mehr so sehr benötigen. Im weiteren Verlauf des Buches wird immer wieder die Rede davon sein, wie sich energetische Blockaden langfristig in Krankheiten ausdrücken.

Das Beste, was man für sein Tier tun kann, ist somit, es möglichst wenig mit den eigenen energetischen „Ausscheidungsprodukten" zu belasten, indem man versucht, eigene energetische Blockaden durch Selbsterfahrung, Meditation, energetische Beratungen oder Behandlungen zu lösen.

 Hinweis: Im vorangegangenen Kapitel wurde beschrieben, wie wichtig es ist, einen Raum zu reinigen, wenn in ihm gestritten wurde. Dies ist damit zu begründen, dass Menschen bei einem Streit viele Energien ausstoßen und über die Chakren und die Aura an die Außenwelt abgeben. Wenn es ein reinigender Streit ist, dann tut er den Menschen grundsätzlich gut, allerdings bleibt anschließend oft negative Emotion im Raum haften. Wenn jemand anderer diesen Raum betritt, energetisch schlecht geschützt ist und eine Resonanz zur Emotion (z. B. Wut) hat, kann es sein, dass er die Energie in sich aufnimmt und dann ebenfalls (scheinbar grundlos) wütend wird.

Ein Spaziergang in der Natur tut Menschen deshalb so gut, weil sie aus energetischer Sicht viele positive Energien aufnehmen können und die Energien, die sie loslassen, ohne Rückstände an die Natur abgeben können, die die Emotionen in positive Energie umwandelt. Neben den Aufgaben, die Pflanzen für Menschen und Tiere aus biologischer Sicht übernehmen (beispielsweise die Sauerstoffproduktion) laufen ständig energetische Transformationsprozesse ab. Wenn jemand z. B. traurig im Wald spazieren geht, gibt das Energiesystem dieser Person die negativen Emotionen an das Energiefeld des Waldes ab. Die Bäume nehmen die Emotionen in sich auf und verwandeln sie in positive Energien, ähnlich wie Tiere dies auch tun.

DIE SIEBEN HAUPTCHAKREN

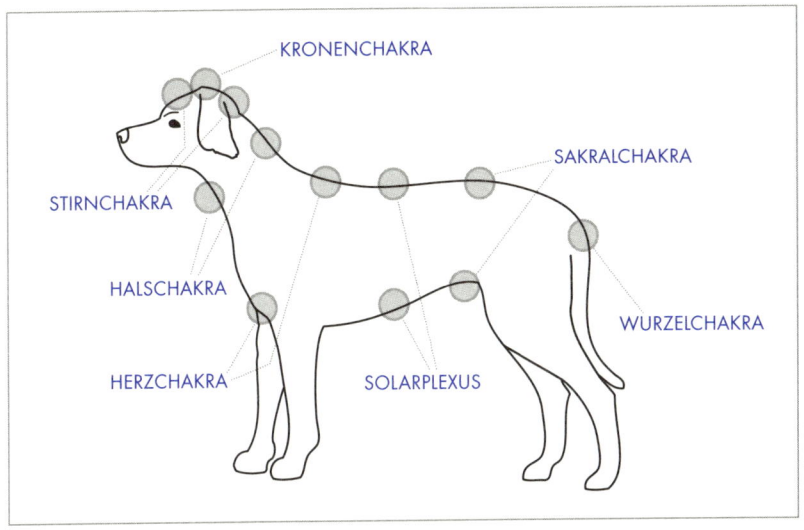

Abbildung 3

Abbildung 3 zeigt die sieben Hauptchakren, die in den meisten energetischen Systemen genannt werden und sehr bekannt sind. In diesem Kapitel werden die wichtigsten körperlichen, emotionalen und mentalen Zuordnungen zu diesen Chakren beschrieben.

Das Wurzelchakra (zwischen Anus und Geschlechtsorganen) und das Kronenchakra (an der höchsten Stelle des Kopfes) existieren je einmal, alle anderen Chakren teilen sich in ein Chakra an der Bauch- und eines an der Rückenseite.

Zusätzlich hat jedes Tier unendlich (!) viele Nebenchakren. Alle Gelenke haben ein Chakra (z. B. Kniechakra, Ellbogenchakra), alle Zähne, Organe, Sinnesorgane, Drüsen, alle Akupunkturpunkte. Es lässt sich in der Vorstellung nicht erfassen und schon gar nicht grafisch darstellen, weil es tatsächlich unendlich viele Chakren sind. Jede Zelle hat Chakren, der gesamte Körper ist voller Chakren, sie zeigen nicht nur nach außen, an die Körperoberfläche, sondern sind auch im Inneren des Körpers miteinander verbunden.

Abbildung 4 zeigt die Verbindungen der sieben Hauptchakren im Körperinneren. Es handelt sich um Energiebahnen (auch Nadis genannt), über die die Chakren miteinander Energie austauschen und kommunizieren.

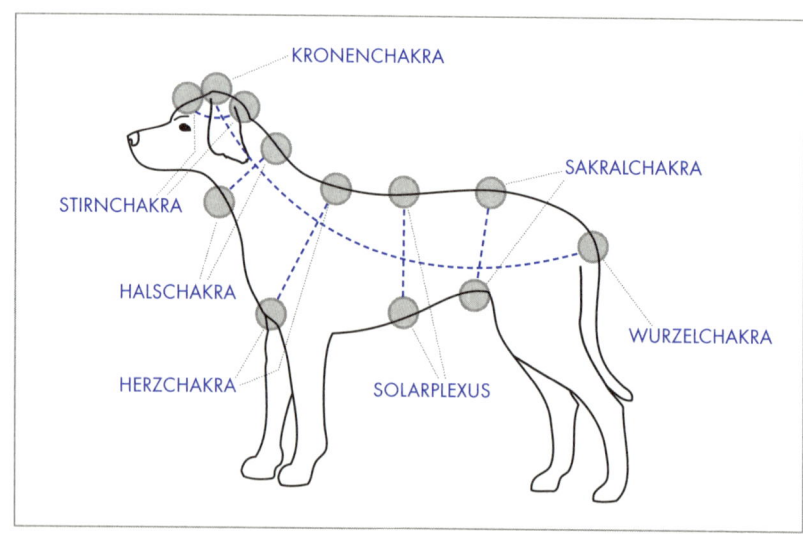

Abbildung 4

LAGE DER SIEBEN HAUPTCHAKREN BEI VERSCHIEDENEN TIERARTEN

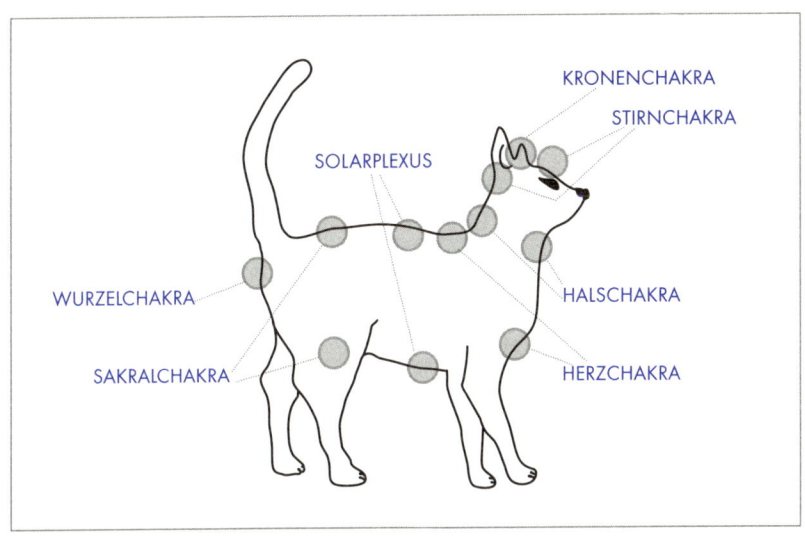

Abbildung 5

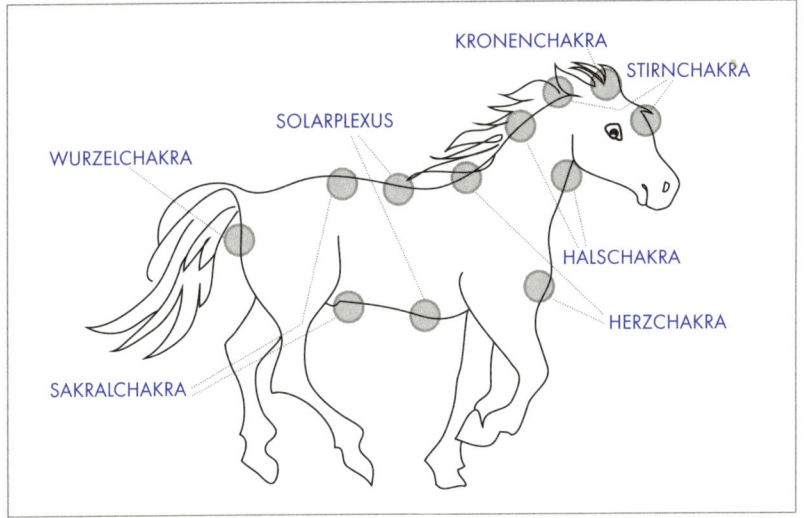

Abbildung 6

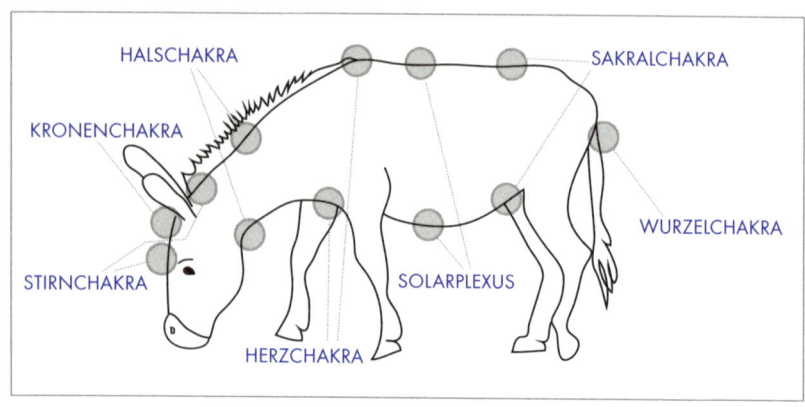

Abbildung 7

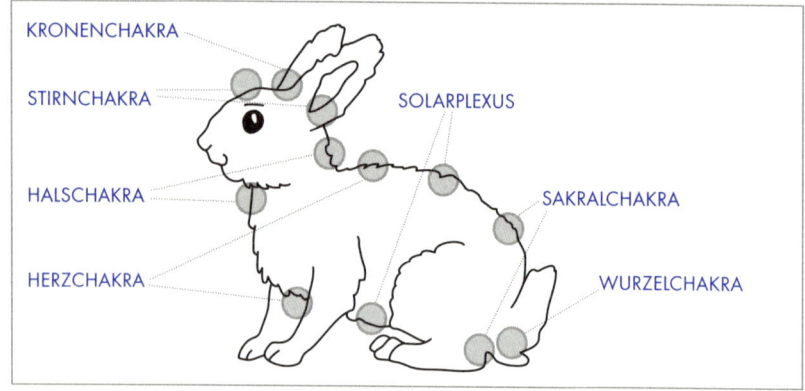

Abbildung 8

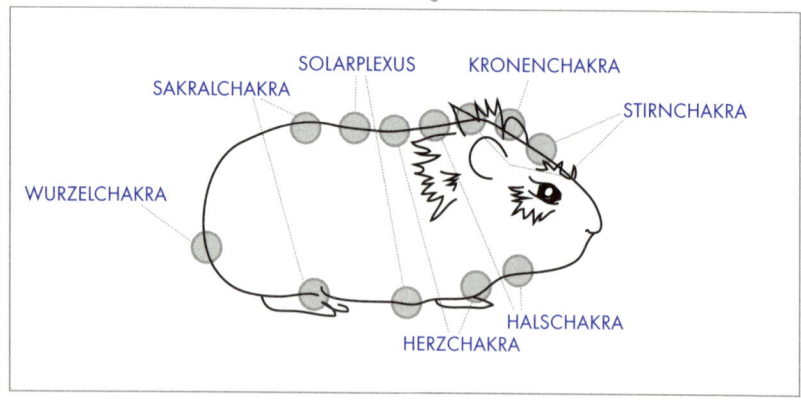

Abbildung 9

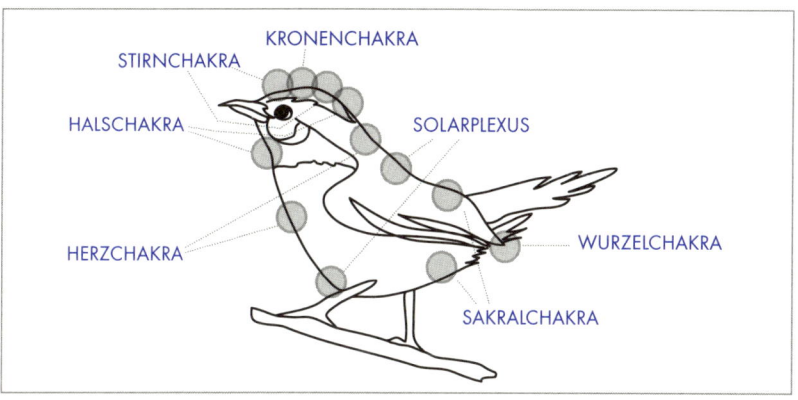

Abbildung 10

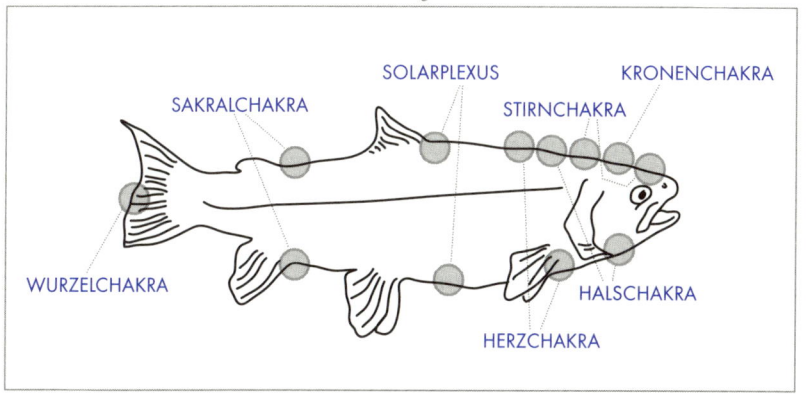

Abbildung 11

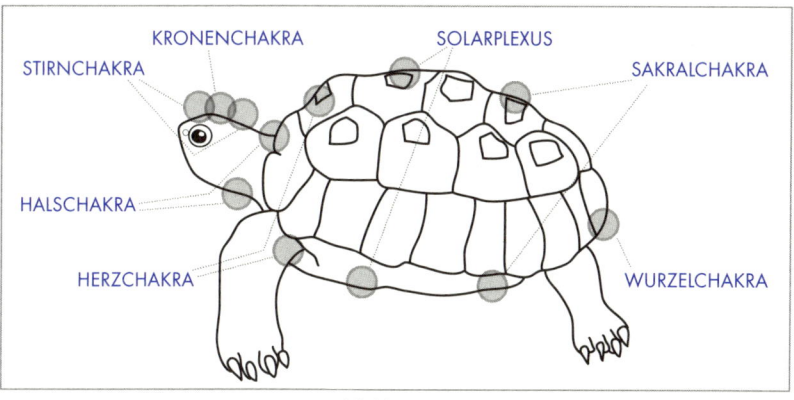

Abbildung 12

ENERGETISCHES GLEICHGEWICHT IM CHAKRENSYSTEM

Der Idealzustand ist ein ausgewogenes Chakrensystem, in dem alle Chakren in Harmonie sind, weder über- noch unteraktiv. Zusätzlich findet ein harmonischer Energiefluss zwischen ihnen statt. Über- und Unteraktivität der Chakren bringt das Energiesystem ins Ungleichgewicht, ähnlich wie die Über- oder Unteraktivität einer Drüse oder eines Organs im Körper.

Ist ein Chakra dauerhaft überaktiv, dann stehen seine Themen im Leben des Tieres so sehr im Vordergrund, dass dies das Tier aus dem Gleichgewicht bringt. Kurzfristige Schwankungen können passend und völlig natürlich sein. Beispielsweise ist bei einem Rüden, der eine läufige Hündin wittert, das Sakralchakra kurzfristig überaktiv, weil das Thema Sexualität in diesem Moment im Vordergrund steht.

Ist ein Chakra dauerhaft unteraktiv, dann ist das Thema des Chakras im Leben des Tieres in den Hintergrund gedrängt, was dem Tier langfristig ebenfalls nicht gut tut. Wenn ein Tier z. B. eine Unteraktivität im Solarplexus hat, dann hat es einen geringen Selbstwert, fühlt sich ohnmächtig und ausgeliefert. Kurzfristige Unteraktivität im Solarplexus kann vollkommen normal sein, z. B. wenn das Tier gerade in einem Rangkampf unterlegen ist.

Alle Chakren sind ständig in Bewegung, da sie wie zuvor beschrieben Energie aufnehmen und verbrauchte Energie abgeben. Manche Menschen nehmen dies als Drehbewegung wahr, andere eher als ein Ein- und Ausatmen. Die Bewegung der Chakren sollte ebenfalls harmonisch sein, das heißt alle Chakren sollten gleichmäßig schwingen.

Dabei wird die Bewegung bzw. Schwingung des Wurzelchakras meist als die langsamste, die des Kronenchakras als die schnellste wahrgenommen. Bei den restlichen Chakren wird die Bewegung von hinten nach vorne immer schneller, das heißt das Sakralchakra schwingt schneller als das Wurzelchakra und weniger schnell als der Solarplexus ... und so weiter.

ZUORDNUNGEN DER 7 HAUPTCHAKREN

WURZELCHAKRA

Farbe:	rot
Lage bei Säugetieren:	zwischen Anus und Geschlechtsorganen
körperliche Zuordnungen:	Fortpflanzung, Überleben, Schwanz/Schweif, Knochen, Dickdarm, Hufe/Krallen, Ischias, Beine
emotionale Zuordnungen:	Verwurzelung auf der Erde, Stabilität, Geborgenheit, Urvertrauen, Vertrauen
mentale Zuordnungen:	Lebenswille, Annahme des Körpers sowie der Inkarnation, Durchhaltevermögen
Überenergie:	Sturheit, zu geerdet, Langsamkeit, dominant
Unterenergie:	schwach, ängstlich, mangelnder Lebenswille

Das Wurzelchakra zeigt, wie viel Urvertrauen ein Tier hat und wie sehr es auf der Erde und in seinem Körper „angekommen" ist, sich hier verwurzelt fühlt.

Bei traumatisierten Tieren erscheint das Wurzelchakra meist sehr geschwächt oder verletzt. Das hängt damit zusammen, dass ein Tier bei einer traumatischen Erfahrung energetisch „aus dem Körper aussteigt" und danach oft nicht mehr vollständig in ihn zurückkehrt.

Je älter ein Tier ist, desto weniger Energie hat das Wurzelchakra, weil der Lebenswille langsam schwindet. Energiedefizite oder Blockaden im Wurzelchakra können sich körperlich in Problemen mit Schwanz/Schweif, Knochen, Dickdarm, Hufen/Krallen, Beinen sowie dem Ischias-Nerv äußern.

SAKRALCHAKRA

Farbe:	orange
Lage bei Säugetieren:	im Unterbauch, hinter dem Nabel
körperliche Zuordnungen:	Geschlechtsorgane, Nieren, Blase, Lendenwirbel, Hüfte
emotionale Zuordnungen:	Lebensfreude, Freude, im Körper zu sein, Bewegung macht Freude, Lust an Sexualität, Spielen, Laufen, Herumtoben
mentale Zuordnungen:	Annahme des eigenen Körpers
Überenergie:	emotional aufbrausend, aggressiv, überdreht, paarungsbereit
Unterenergie:	scheu, übersensibel, kein Interesse an Sexualität

Im Sakralchakra kann man erkennen, wie viel Lebensfreude das Tier verspürt und wie groß sein Interesse am eigenen Körper sowie an Sexualität ist.

Eine genaue Betrachtung dieses Chakras ist bei Tieren wichtig, die im Sport eingesetzt werden (z. B. Turnierpferde). Macht dem Tier die sportliche Betätigung Spaß, ist das Sakralchakra harmonisch. Handelt es sich eher um einen Zwang oder ein Gefühl der Pflichterfüllung, weist es Blockaden auf.

Wenn Tiere paarungsbereit sind (z. B. rossige Stute oder Rüde, der eine läufige Hündin wittert), kann es hilfreich sein, die Energie des Sakralchakras ein wenig zu dämpfen und die überschüssige Energie über die Chakrenverbindungen (Nadis) an andere Chakren abzuleiten.

Blockaden im Sakralchakra können sich körperlich an Geschlechtsorganen, Nieren, Blase, Lendenwirbelsäule sowie Hüften zeigen.

SOLARPLEXUS

(entspricht nicht dem Nervengeflecht namens Solarplexus!)

Farbe:	gelb
Lage bei Säugetieren:	auf Höhe des Magens, vor dem Nabel
körperliche Zuordnungen:	Magen, Leber, Milz, Gallenblase, Bauchspeicheldrüse, Dünndarm, Über- und Untergewicht
emotionale Zuordnungen:	Sensibilität, Abgrenzungsprobleme
mentale Zuordnungen:	Macht/Ohnmacht, Selbstwert-/vertrauen, Willenskraft, Identität

Überenergie:	selbstkritisch, perfektionistisch, arbeitet bis zum Zusammenbruch, lehnt Autoritäten ab
Unterenergie:	wenig Selbstbewusstsein, Angst, allein zu sein, unsicher, braucht viel Bestätigung

Der Solarplexus steht für die Themen Macht und Ohnmacht sowie Selbstvertrauen. Bei traumatisierten Tieren ist der Solarplexus häufig stark blockiert.

Körperlich können sich Blockaden im Solarplexus in Empfindlichkeiten des Magens, der Gallenblase, der Bauchspeicheldrüse, des Dünndarms sowie Problemen mit Leber und Milz niederschlagen. Über- und Untergewicht sind ebenfalls ein Zeichen für ein Solarplexus-Thema.

Hinweis: Traumata können in allen Chakren entdeckt werden, der Solarplexus ist jedoch das Chakra, in dem es vorrangig um Ohnmachtssituationen geht. Daher sollte ihm besondere Aufmerksamkeit in der Energiearbeit mit traumatisierten Tieren geschenkt werden.

HERZCHAKRA

Farbe:	rosa und grün
Lage bei Säugetieren:	Brustkorb, auf Höhe des Herzens
körperliche Zuordnungen:	Herz, Lunge, Bronchien, Schultern, Vorderbeine, Brustwirbelsäule

emotionale Zuordnungen:	Liebe, Selbstliebe, Geborgenheit, Traurigkeit, die aus der Kindheit stammt, Beziehung zur Mutter
mentale Zuordnungen:	Angst vor Verlust, Loslassen
Überenergie:	fordernd, launisch, melodramatisch
Unterenergie:	Selbstmitleid, Angst, verletzt oder verlassen zu werden

Das Herzchakra ist das Chakra, das am meisten an Beziehungen beteiligt ist. Wenn Tiere ein geliebtes Tier oder einen Menschen verlieren, kann es zu Blockaden oder Verletzungen im Herzchakra kommen. Wenn sich Tiere sehr geliebt fühlen und ihrerseits sehr viel Liebe geben, dann ist das Herzchakra in Harmonie.

Probleme in diesem Chakra äußern sich körperlich vor allem in Herzproblemen, aber auch Erkrankungen von Lunge und Bronchien sowie Verletzungen an den Schultern, Vorderbeinen und der Brustwirbelsäule.

HALSCHAKRA

Farbe:	(mittel-)blau
Lage bei Säugetieren:	Kehlkopf
körperliche Zuordnungen:	Hals, Kehlkopf, Nacken, Kiefer, Zähne, Halswirbelsäule, Schilddrüse, Laute, Körpersprache
emotionale Zuordnungen:	Gefühle zum Ausdruck bringen
mentale Zuordnungen:	mentale Kraft, Kreativität, Wahrheit

Überenergie:	Arroganz, dauernde Lautäußerungen, Suchtthemen
Unterenergie:	Hemmungen, Schüchternheit, Angst, Zurückhaltung, in der Tierkommunikation wenig mitteilsam

Das Halschakra zeigt an, wie sehr ein Tier seine Gefühle zum Ausdruck bringt. Ein Tier, das sich immer gleichbleibend verhält, egal, ob es ihm gut oder schlecht geht, das sich sogar bei Schmerzen nichts anmerken lässt, hat wahrscheinlich eine massive Blockade im Halschakra.

In der Tierkommunikation ist das Halschakra von großer Bedeutung, weil Tiere, die eine Blockade im Halschakra haben, nicht viel von sich preisgeben. Oft haben diese Tiere das Vertrauen in die Menschen verloren und daher aufgehört, sich ihnen mitzuteilen. In solchen Fällen hilft es, das Halschakra energetisch zu harmonisieren, um überhaupt mit dem Tier kommunizieren zu können.

Blockaden im Halschakra äußern sich körperlich in Hals, Kehlkopf, Nacken, Kiefer, Zähnen, Halswirbelsäule sowie in der Schilddrüse.

STIRNCHAKRA

Farbe:	indigoblau (ein sehr dunkles Blau)
Lage bei Säugetieren:	zwischen den beiden physischen Augen
körperliche Zuordnungen:	Hormonsystem, Augen, Ohren, Nase, Nebenhöhlen, Stirn

emotionale Zuordnungen:	Überforderung mit dem, was man über die Hellsinne wahrnimmt
mentale Zuordnungen:	Einstellungen, Glaubenssätze, Weisheit, Selbsterkenntnis, Phantasie, Vorstellungskraft, Erkenntnis, geistige Klarheit
Überenergie:	egozentrisch, stolz
Unterenergie:	kreisende Gedanken, geistige Verwirrung

Das Stirnchakra ist das Zentrum der feinstofflichen Wahrnehmung. Es ist bei Tieren meist sehr aktiv, weil sie sich untereinander (neben der Körpersprache) vor allem telepathisch verständigen. Manche Tiere fühlen sich allerdings (ähnlich wie Babys) von dem überfordert, was sie an Energien, Sorgen oder Grübeleien von ihren Besitzern übernehmen, und blockieren daher ihr Stirnchakra.

Blockaden im Stirnchakra äußern sich körperlich im Hormonsystem, in Augen, Ohren, Nase, Nebenhöhlen und der Stirn.

KRONENCHAKRA

Farbe:	violett
Lage bei Säugetieren:	an der höchsten Stelle des Kopfes, wenn das Tier den Kopf hebt
körperliche Zuordnungen:	Nervensystem, Gehirn
emotionale Zuordnungen:	Vertrauen, Gefühl von Eins-Sein und Heil-Sein
mentale Zuordnungen:	Erleuchtung, Selbstverwirklichung, Verbundenheit mit dem Kosmos

| Überenergie: | mangelnde Erdung, zu abgehoben, Realitätsflucht |
| Unterenergie: | Entscheidungsschwäche, wenig Verbindung zum Kosmos, wenn Tiere am Sinn des Lebens zweifeln (z. B. manche Zootiere) |

Das Kronenchakra zeigt, wie stark ein Tier auf der seelischen Ebene agiert und lebt. Viele Tiere fühlen sich der göttlichen Quelle sehr verbunden und sind sich völlig im Klaren darüber, warum sie auf der Erde inkarniert sind und was ihr Seelenauftrag ist. Andere leben eher im Hier und Jetzt und konzentrieren sich auf irdische Dinge wie Fressen und Spielen. Bei diesen Tieren sind meist die hinten gelegenen Chakren (Wurzel-, Sakralchakra und Solarplexus) schwächer als Stirn- und Kronenchakra.

Eine Blockade oder Unterenergie im Kronenchakra zeigt sich körperlich im Nervensystem sowie im Gehirn.

NEBENCHAKREN

Die Nebenchakren sollte man sich immer dann ansehen, wenn bestimmte Körperteile Probleme machen (etwa Zähne, Gelenke, Organe). Bei einem kupierten Schwanz ist es beispielsweise wichtig, die Chakren der Schwanzwirbelsäule energetisch wiederherzustellen und das Schwanzspitzenchakra zu harmonisieren.

Bei Ohrenproblemen sind die Ohrenchakren wichtig, bei Augenproblemen die Augenchakren usw.

Da es wie erwähnt unendlich viele Nebenchakren gibt, ist eine umfassende Darstellung leider nicht möglich.

GEISTIGE CHAKRENWAHRNEHMUNG

Um den Zustand eines Chakras wahrzunehmen, empfiehlt es sich, die Abfolge der Schritte, die im Kapitel „feinstoffliche Wahrnehmung" beschrieben wurden, einzuhalten:

1. Schaffen einer Atmosphäre, in der man ungestört ist.

2. Reinigung der eigenen Aura mit der Licht-Wasserfall-Meditation, Reinigung des Raumes durch Räuchern oder ebenfalls durch Visualisieren des Licht-Wasserfalls.

3. Fokussieren auf das Energiesystem des Tieres, dessen Chakra man wahrnehmen möchte.

4. Herstellen einer Verbindung zum Tier durch Einladen unter den Licht-Wasserfall. Dabei auch Reinigung der Aura des Tieres.

5. Wahrnehmung des gewählten Chakras mithilfe der Hellsinne: Bilder, Gefühle, Gerüche, Geschmack, Geräusche, Worte, Gedanken.

6. Notieren der Wahrnehmungen.

7. Verabschieden und energetisches Trennen vom Tier.

8. Dämpfen der Wahrnehmung.

Am besten konzentriert man sich beim ersten Mal auf die Wahrnehmung eines einzigen Chakras, da sonst womöglich so viele Eindrücke entstehen, dass man sie nicht mehr auseinanderhalten kann.

Schließe deine Augen und nimm ein paar tiefe Atemzüge. Bitte deinen Geistführer, ein Krafttier oder ein Lichtwesen, dich zu unterstützen.

Visualisiere einen Wasserfall aus kristallklarem Licht und stelle dich eine Weile darunter. Das Licht reinigt deine Aura, deine Chakren und strömt auch sanft in deinen Körper hinein. Gib alles an das fließende Licht ab, was dich jetzt belastet. Stelle dir vor, dass der Licht-Wasserfall sich auch auf den Raum ausdehnt, in dem du dich jetzt befindest. Der Raum wird energetisch gereinigt. Spüre, wie sich seine Energie verändert.

Fokussiere dich nun auf das Tier, dessen Energiesystem du jetzt wahrnehmen möchtest, und lade es zu dir unter den Licht-Wasserfall ein. Seine Aura und seine Chakren werden von kristallklarem Licht durchflutet. Während das Tier weiterhin unter dem Licht-Wasserfall steht und die reinigende Energie genießt, konzentriere dich jetzt auf ein Chakra des Tieres, das du nun wahrnehmen möchtest. Erscheinen Bilder vor deinem geistigen Auge? Hörst du Worte oder Geräusche? Was spürst du in deinem Körper? Welche Emotion fühlst du in deinem Herzen? Nimmst du einen Geschmack oder einen Geruch wahr? Welche Gedanken kommen dir, während du dich auf das Chakra konzentrierst? Nimm alles in Ruhe wahr. Es gibt kein Richtig oder Falsch. Wenn du möchtest, notiere deine Wahrnehmungen. Bedanke dich nun bei dem Tier und verabschiede dich von ihm. Visualisiere eine goldene Kugel um dich und eine goldene Kugel um das Tier und trenne geistig alle Verbindungen, die sich zwischen dir und dem Tier möglicherweise gebildet haben. Stelle dir vor, dass dein Stirnchakra sich wieder ein wenig schließt, so, wie es für dich für den weiteren Verlauf dieses Tages stimmig ist. Komme dann in deiner Zeit wieder ganz ins Hier und Jetzt zurück.

INTERPRETATION FEINSTOFFLICHER WAHRNEHMUNG IN DEN CHAKREN

Die Wahrnehmung feinstofflicher Energien ist etwas sehr Individuelles. Jeder nimmt Zustände von Chakren vollkommen anders wahr. Die Unterschiede hängen einerseits damit zusammen, dass jeder andere Hellsinne verwendet, andererseits damit, dass die Bilder, Worte oder Gefühle, die man wahrnimmt, wenn man sich auf ein Chakra konzentriert, vom eigenen Gehirn gleichsam „übersetzt" werden.

Der Zustand jedes einzelnen Chakras ist so komplex, die Themen, die es trägt, sind so vielfältig, dass man Tage damit zubringen könnte, ein einziges Chakra eines Tieres aus verschiedenen Perspektiven wahrzunehmen. Was eine Person wahrnimmt, ist immer nur ein Ausschnitt der gesamten Wahrheit, es findet im Stirnchakra und anschließend im Gehirn eine Art Selektion statt.

Dennoch sollen in diesem Kapitel einige Hinweise dazu gegeben werden, was verschiedene Wahrnehmungen in der Praxis normalerweise bedeuten.

OFFENE ODER GESCHLOSSENE BLÜTENBLÄTTER

Wenn man ein Chakra als Blüte mit Blütenblättern wahrnimmt, kann sich eine Blockade so darstellen, dass einige Blätter geschlossen sind. Je weniger Blütenblätter geöffnet sind, desto größer ist die Blockade.

CHAKRA IST VERSCHLOSSEN

Nimmt man ein Chakra als „verklebt" oder von außen verschlossen (z. B. durch einen Korken oder Propfen) wahr, weist dies ebenfalls auf eine Blockade des Chakras hin.

CHAKRA IST VERSCHOBEN

Idealerweise liegen alle Chakren an der richtigen Stelle, etwa das Stirnchakra genau in der Mitte zwischen den beiden physischen Augen. Es kann jedoch sein, dass ein Chakra als nach links, rechts, unten oder oben verschoben wahrgenommen wird. Hintergrund einer solchen Verschiebung ist meist ein Trauma.

CHAKRA HAT EINE ANDERE FARBE ALS GEWÖHNLICH

Wenn das Wurzelchakra z. B. grün erscheint, ist das ein Hinweis darauf, dass es seine Funktion im Moment (oder auch langfristig) nicht perfekt ausfüllt. Das muss nicht immer schlecht sein, weist jedoch auf eine Anomalie hin. Grüne Farbe in einem Chakra bedeutet z. B. meist, dass ein Heilungsprozess stattfindet.

Es folgen einige Standard-Interpretationen für Farben in Chakren (im Einzelfall ist es wichtig, geistig nachzufragen, warum das Chakra die jeweilige Farbe hat):

- **rot:** Wut, Aggression

- **orange:** Lebensfreude, Sexualität

- **gelb:** Lebensfreude, Sonnenenergie, aber auch verkopft, zu sehr im Kopf, mentale Blockade, Glaubenssätze

- **grün:** Heilungsprozess

- **rosa:** Liebe

- **blau:** unterkühlt, Kommunikations-Thema (z. B. etwas soll dringend ausgesprochen werden)

- **schwarz:** Fremdenergie, massive Blockade

- **grau:** getrübt, traurig

- **violett:** Transformations-Prozess

BILDER, SZENEN

Häufig erscheinen in den Chakren Bilder zu Situationen oder Szenen aus dem Leben des Tieres, die auf den Ursprung einer Blockade hinweisen (z. B. Bild eines traurigen Welpen, Peitsche).

CHAKREN SIND NICHT MITEINANDER VERBUNDEN

Wenn zwischen zwei Chakren die Verbindung unterbrochen ist, dann bedeutet das, dass die beiden Themen, für die die Chakren stehen, im Leben des Tieres als nicht kompatibel betrachtet werden.

Wenn beispielsweise die Verbindung zwischen Herz- und Halschakra unterbrochen ist, dann ist es dem Tier nicht möglich, über Themen, die sein Herz betreffen, zu sprechen, beispielsweise über Verletzungen seines Inneren Kindes oder auch über das Thema Liebe. Oder die Kommunikation erfolgt sehr sachlich.

Folgendes Fallbeispiel soll dazu dienen, exemplarisch darzustellen, wie sich eine Chakrenanalyse in der Praxis gestalten kann.

Beispiel

Ein Rüde leidet immer wieder unter Durchfall. Medizinisch ist nichts feststellbar, er erhält Spezialfutter, das durch den Tierarzt empfohlen und zusätzlich kinesiologisch ausgetestet wurde.
Bei einer Betrachtung der Chakren (bezüglich dieses Themas) ergeben sich folgende Wahrnehmungen: Das Wurzelchakra erscheint sehr klein und farblos (hellrot), das Sakralchakra wirkt verklebt und erscheint eher grau als orange. Im Solarplexus erscheint das Bild eines kleinen Welpen, der sich ängstlich verkriecht. Seine Mutter und seine Geschwister sind nirgends zu sehen. Dieses Bild erscheint ebenfalls im Herzchakra.

Die anderen Chakren sind (bezüglich des Durchfall-Themas) unauffällig.

Wurzel- und Sakralchakra werden wie im Kapitel „Energetische Harmonisierung im Energiesystem der Tiere" gereinigt, harmonisiert und stabilisiert. Für die Blockaden in Herzchakra und Solarplexus wird mit dem Rüden eine Reise zum „Inneren Kind" durchgeführt. Zusätzlich wird mit dem Verdauungssystem energetisch gearbeitet (siehe Kapitel „geistige Körper-Energiearbeit"). Nach kurzer Zeit hat sich die Verdauung stabilisiert.

Dieses Fallbeispiel ist absichtlich einfach gewählt. Weiterführende Anleitungen enthält das Kapitel „Energiearbeit mit komplexen Fällen". Die Energiearbeit mit einem Tier ist häufig wie ein langfristiges Forschungsprojekt. Je öfter man mit einem Tier energetisch arbeitet, desto mehr Aspekte treten an die Oberfläche. Manchmal ist ein Problem aber sehr schnell gelöst.

MEDITATION: HARMONISIERUNG DEINER CHAKREN DURCH DEINEN GEISTFÜHRER

Diese Meditation dient dazu, die eigenen Chakren zu harmonisieren sowie zwei Lichtwesen kennenzulernen, die einem in der feinstofflichen Wahrnehmung und Energiearbeit große Unterstützung bieten können: das eigene Höhere Selbst und den eigenen Geistführer.

Höheres Selbst:

Eine Seele kann sich, um Erfahrungen zu machen und in verschiedenen Körpern zu inkarnieren, in mehrere Seelenanteile aufspalten. Diese Seelenanteile sind feinstofflich alle miteinander verbunden.

Ein Seelenanteil ist zu einem Zeitpunkt z. B. in einem menschlichen Körper inkarniert, um irdische Erfahrungen zu machen. Andere Seelenanteile erleben Situationen in anderen Körpern. Diese Erfahrungen können aus irdischer Sicht gleichzeitig oder zu verschiedenen Zeiten stattfinden, denn für die Seele gibt es keine Zeit. Die Seele existiert außerhalb der Dualität.

Ein besonderer Seelenanteil für jede Inkarnation ist das Höhere Selbst. Es ist ein Teil der Seele, der in der geistigen Ebene bleibt und einen von dort aus während der Inkarnation auf der Erde unterstützt. Er ist in Verbindung mit dem Absoluten, mit dem großen Ganzen und der göttlichen Weisheit. Das Ziel jeder Seele ist es, jede einzelne Inkarnation in Übereinstimmung mit dem Höheren Selbst zu leben. Dies ist nichts anderes als eine Umschreibung des Begriffs „Meisterschaft".

Geistführer:

Jeder Mensch hat einen geistigen Führer, ähnlich wie alle Menschen auch einen Schutzengel haben, egal, ob sie ihm Beachtung schenken oder nicht. Der Geistführer kann ein Engelwesen, ein aufgestiegener Meister, ein Krafttier, die Seele eines verstorbenen Menschen oder Tieres oder ein anderes Lichtwesen sein. Seine Aufgabe ist es, einen Menschen bei der spirituellen Weiterentwicklung (unter anderem bei der feinstofflichen Wahrnehmung, Energiearbeit oder bei Meditationen) zu unterstützen. Der Geistführer kann im Laufe des Lebens wechseln.

In folgender Meditation findet eine Begegnung mit dem Höheren Selbst und dem Geistführer statt. Bevor man mit der Meditation beginnt, ist es ratsam, sich etwas zum Schreiben vorzubereiten, um die Botschaften der beiden Lichtwesen notieren zu können.

Atme tief durch und entspanne dich völlig. Lasse den Atem durch deinen ganzen Körper fließen. Gehe bewusst in alle Stellen, die noch angespannt sind. Der Atem bringt dir und deinem Körper Entspannung. Atme Entspannung ein und Anspannung aus. Fühle, wie du ganz in deiner Mitte und in deiner Kraft ankommst.

Stelle dir nun vor, dass aus deinem Herzchakra, das sich in der Mitte deines Brustkorbs befindet, ein goldener Weg empor-wächst. Der Weg wächst immer höher und höher, in den Himmel hinein, durch die Wolkendecke hindurch und immer höher und höher in Richtung Universum. Dein Schutzengel nimmt dich an der Hand und du gehst nun völlig sicher und geschützt diesen goldenen Weg hinauf, immer höher und höher, durch die Wolkendecke hindurch und immer höher und höher in Richtung Universum.

Schließlich kommst du zu einem goldenen Tor, das wie von allein aufschwingt. Tritt hindurch. Du gelangst in einen wunder-schönen, strahlenden Wolkenraum. Das goldene Tor schwingt hinter dir wieder zu und du machst es dir auf den Wolken gemütlich. Spüre die bedingungslose Liebe, die dieser Raum ausstrahlt. Du bemerkst, dass sich um dich herum unzählige Engel, aufgestiegene Meister und andere Lichtwesen versammelt haben, die dich liebevoll begleiten und unterstützen möchten. Aus dem Kreis der lichtvollen Gestalten tritt nun ein Wesen auf dich zu. Es ist dein Höheres Selbst, dein innerer göttlicher

Kern. Dein Höheres Selbst ist der Teil deiner Seele, der nur feinstofflich existiert. Es unterstützt und begleitet dich in deinem
Leben. Durch seine Verbindung zur göttlichen Quelle, zu Allem-
was-ist, kann es dir ein weiser Ratgeber sein. Dein Höheres
Selbst ist ein wunderschönes, feinstoffliches Wesen, das dir sehr
vertraut ist. Dein Höheres Selbst blickt dich liebevoll an und
ergreift deine Hand. Du spürst die bedingungslose Liebe und
kraftvolle Unterstützung, die von ihm ausgehen.

Nun löst sich aus dem Kreis der lichtvollen Wesen eine weitere
Gestalt und nähert sich dir ebenfalls. Du spürst, welche Kraft
und gleichzeitig Sanftheit von ihm ausgehen. Das Wesen
sieht dich liebevoll an und du bemerkst, welche unendliche
Weisheit in seinem Blick liegt. Es ist dein Geistführer, der dich
bereits durch viele Inkarnationen begleitet hat. Er steht dir zur
Seite, um dich vor allem in der Energiearbeit, Chakren- und
Aurawahrnehmung und in der Heilungsarbeit (auch bei dir
selbst) zu unterstützen. Sieh dir deinen Geistführer genau an.
Vielleicht hat er eine menschliche Gestalt, vielleicht ist es ein
Tier. Oder ein Engelwesen, ein aufgestiegener Meister oder
ein Einhorn. Obwohl dein Geistführer kein Geschlecht hat,
erscheint er dir vielleicht in männlicher oder weiblicher Gestalt.
Frage deinen Geistführer, wer er ist und wie er heißt. Stelle alle
Hellsinne auf Empfangsbereitschaft und nimm seine Antwort
aufmerksam wahr.

Visualisiere nun einen starken Lichtstrahl oder Lichtkanal, der
dich, dein Höheres Selbst und deinen Geistführer mit dem Licht
des göttlichen Ursprungs durchflutet. Genieße diese Energie
eine Zeit lang.

Dein Geistführer und dein Höheres Selbst führen dich nun zu
einer wunderschönen, flauschigen, weißen Liege, die ganz aus

Wolken gemacht ist. Lege dich auf den Rücken und erlaube dir selbst, dich völlig zu entspannen. Dein Geistführer und dein Höheres Selbst treten auf dich zu. Sie reinigen ganz sanft und liebevoll deine Aura. Wenn sie Belastungen in deinem Energiesystem berühren, verwandeln diese sich augenblicklich in reine Liebe. Beobachte die Transformation.

Während dein Höheres Selbst Heilungsenergien in deine Auraschichten fließen lässt, berührt dein Geistführer nun dein Wurzelchakra. Nimm wahr, wie alle Energien aus deinem Wurzelchakra gereinigt werden, die du nicht mehr benötigst. Atme dabei bewusst ein und aus. Unterstütze die Reinigung mit deinem Ein- und Ausatmen.

Dein Geistführer berührt nun gleichzeitig dein vorderes und hinteres Sakralchakra (auf Höhe deines Unterbauchs) und verbindet sie auf diese Weise miteinander. Lasse die Reinigung jetzt in deinem Sakralchakra geschehen. Atme bewusst mit.

Er berührt nun deinen vorderen und hinteren Solarplexus (auf Höhe deines Magens). Lasse die Reinigung jetzt in deinem Solarplexus geschehen. Atme bewusst mit.

Und nun berührt dein Geistführer dein vorderes und hinteres Herzchakra (in der Mitte deines Brustkorbs). Es wird gereinigt. Lasse es geschehen und atme bewusst mit.

Nun berührt er dein vorderes und hinteres Halschakra (auf Höhe deines Kehlkopfes). Lasse die Reinigung in deinem Halschakra geschehen und atme bewusst mit.

Nun berührt er dein Stirnchakra (zwischen deinen beiden physischen Augen). Lasse die Reinigung nun in deinem Stirnchakra geschehen und atme bewusst mit.

Und schließlich berührt er dein Kronenchakra. Es wird gereinigt. Lasse es geschehen und atme bewusst mit. Bleibe nun noch eine Zeit liegen und genieße die frischen Energien in deinem

Energiesystem. Dein Geistführer nimmt dich jetzt liebevoll an der Hand und hilft dir, dich aufzusetzen. Du hast nun die Möglichkeit, deinem Geistführer und deinem Höheren Selbst einige Fragen zu stellen. Du kannst sie alles fragen, was im Moment für dich, deine Entwicklung, deinen Weg, aber auch für deine Tiere wichtig ist. Nimm die Antworten mit deinen Hellsinnen wahr. Wenn du möchtest, notiere ihre Antworten. Bedanke dich anschließend bei deinem Geistführer und deinem Höheren Selbst.

Genieße noch einen Moment die Anwesenheit all der Lichtwesen, deines Höheren Selbst und deines Geistführers, die für dich da sind und die du immer um Hilfe und um Rat fragen kannst. Bedanke dich bei ihnen.

Gehe dann langsam wieder durch das goldene Tor und den goldenen Weg hinab. Tiefer und tiefer führt der Weg, den du mit deinem Schutzengel an der Hand beschreitest. Durch die Wolkendecke hindurch, die Erde kommt immer näher und näher. Gehe tiefer und tiefer, bis du wieder ganz in deinem Herzchakra angelangt bist. Ziehe den goldenen Weg wieder in dein Herzchakra ein und bringe es auf eine normale Größe.

Komme dann in deinem Tempo wieder ganz ins Hier und Jetzt zurück und öffne deine Augen.

DAS AURASYSTEM DER TIERE

Der physische Körper von Menschen, Tieren und Pflanzen ist von feinstofflichen Hüllen (den Auraschichten) umgeben. Die äußerste Schicht dehnt sich bis in die Unendlichkeit aus. Durch die Hüllen sind wir mit Allem-was-ist verbunden. Allerdings ist diese Fülle an Energien schwer vorstellbar und kaum greifbar. Daher werden meist die sieben Auraschichten beschrieben, die sich direkt auf das Individuum beziehen. Mit ihnen kann man sinnvoll energetisch arbeiten und relativ einfach lernen, sie wahrzunehmen.

DIE SIEBEN AURASCHICHTEN

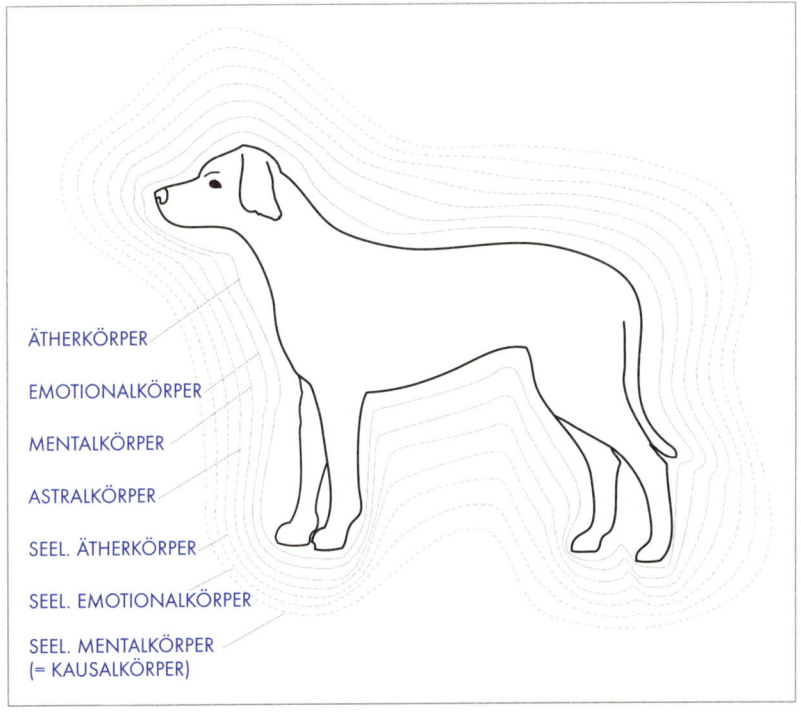

ÄTHERKÖRPER

EMOTIONALKÖRPER

MENTALKÖRPER

ASTRALKÖRPER

SEEL. ÄTHERKÖRPER

SEEL. EMOTIONALKÖRPER

SEEL. MENTALKÖRPER
(= KAUSALKÖRPER)

Abbildung 13

Abbildung 13 zeigt die sieben Auraschichten eines Hundes. Die erste Auraschicht folgt den Konturen des Körpers in einigen Millimetern bis Zentimetern Abstand, proportional zur Körpergröße des Tieres. Die letzte Auraschicht, der Kausalkörper, reicht beim Menschen ungefähr einen Meter über den Körper hinaus, bei Tieren je nach Körpergröße entsprechend weniger.

ÄTHERKÖRPER

Die erste Auraschicht erscheint wie eine hellblaue oder hellgraue zweite Haut über der physischen Haut, ähnlich wie ein Taucheranzug. Beim Menschen reicht der Ätherkörper ca. 1-5 cm über den physischen Körper hinaus. Diese Auraschicht bildet den feinstofflichen Aspekt des Körpers, deswegen der Name „Ätherkörper". Jedes Organ, jeder Muskel, jede Zelle besitzt einen Ätherkörper. Die Darstellung des Ätherkörpers als eine Schicht, die den Körper wie eine zweite Haut überzieht, ist daher grob vereinfacht. Die Komplexität der Auraschichten lässt sich grafisch allerdings nicht darstellen und schwer begreifen.

Man kann sich vorstellen, dass jeder Körperteil in eine zusätzliche, feinstoffliche Schicht eingehüllt ist und die verschiedenen Schichten einander durchdringen, z. B. die Auraschichten der einzelnen Zähne oder der einzelnen Haare.

Im Ätherkörper sind alle körperlichen Themen abgespeichert. Alle Verletzungen des physischen Körpers, die noch nicht vollkommen geheilt sind, die der Körper noch nicht ganz „vergessen" hat, sind hier abgebildet.

Wenn ein Tier beispielsweise gebissen wird, dann reicht die Verletzung einige Auraschichten weit. Je drastischer die Wunde und die Umstände der Verletzung sind, desto weiter reicht die energetische Blockade. Im Extremfall erstreckt sie sich bis zur äußersten Auraschicht. An der Stelle, an der sich physisch eine Wunde befindet, klafft die Aura in einer Spalte auseinander. Im Ätherkörper befindet sich an dieser Stelle eine massive Blockade.

Während des Selbstheilungsprozesses versucht das Aurasystem des Tieres nun, die Verletzung zu heilen. Von außen nach innen schließen sich während der mentalen, emotionalen und psychischen Verarbeitung der Verletzung die einzelnen Auraschichten immer mehr. Gleichzeitig heilt das Gewebe.

Der Ätherkörper bildet die Vorlage für den physischen Körper. Solange hier noch eine Verletzung erkennbar ist, fühlt sich die Körperstelle für das Tier noch nicht ganz harmonisch an. Ist die Auraschicht völlig wiederhergestellt, ist nach kurzer Zeit auch körperlich keine Narbe mehr zu erkennen.

Wunden, die schlecht verheilen, bei denen schmerzende oder juckende Narben entstehen, bedeuten immer, dass die Verletzung in der Aura noch vorhanden ist.

Energiearbeit im Ätherkörper ist somit eine wichtige Unterstützung im Selbstheilungsprozess des Körpers. Nach einer Operation kann durch Harmonisierung des Ätherkörpers die Rekonvaleszenz beschleunigt und vereinfacht werden.

Blockaden im Ätherkörper sind körperlich spürbar. Wenn ein Gelenk beispielsweise schmerzt, obwohl körperlich alles in Ordnung ist, dann könnte es sich um eine Disharmonie im Ätherkörper handeln, die noch nicht körperlich manifestiert ist. Bleibt die energetische Blockade über einige Wochen, Monate oder Jahre bestehen, führt es meistens dazu, dass der Körper dadurch energetisch unterversorgt ist und damit die Tendenz zu einer Erkrankung oder Verletzung dieses Körperteils besteht. Die „unsichtbare" Blockade in der Aura wird damit nach außen sichtbar gemacht oder manifestiert.

Themen pflanzen sich in der Aura von außen nach innen fort. Wenn ein Tier aufgrund einer Traumatisierung beispielsweise eine Blockade in der siebten Auraschicht (äußerste Schicht) der rechten Schulter hat, dann bewirkt diese Blockade, dass der Energiefluss an dieser Stelle behindert wird. Je nach Dynamik des Themas „wandert" die Blockade immer weiter nach innen. Die Auraschichten weisen nach und nach alle im Bereich der rechten Schulter eine Blockade auf, bis sie schließlich zum Ätherkörper durchgedrungen ist und das Tier die rechte Schulter körperlich spürt, die Schulter ein wenig schont. Wenn die Blockade nun weiter besteht, weil etwa medizinisch nichts feststellbar ist und daher nichts unternommen wird, bewirkt die Blockade im Ätherkörper, dass die rechte Schulter energetisch unterversorgt wird und damit die körperlichen Funktionen nicht mehr optimal erfüllt werden.

Es kommt zu einer Erkrankung oder Verletzung, die die energetische Blockade, also das Thema, sichtbar macht. Unbewusst oder bewusst nehmen dadurch andere Tiere und Menschen wahr, dass das Tier innerlich mit einem Thema ringt, also einen inneren Konflikt austrägt oder unter einem Trauma leidet. Der Schmerz des Tieres wird wahrgenommen und dadurch hat das Tier die Möglichkeit, über das morphogenetische Feld Heilung zu erfahren. Krankheiten und Verletzungen sind daher ein Hilfeschrei des Energiesystems, aber gleichzeitig auch ein Schritt in die Heilung.

EMOTIONALKÖRPER

Der Emotionalkörper beinhaltet die Gefühle eines Lebewesens, die im jeweiligen Moment vorhanden sind. Er ist feinstofflicher als der Ätherkörper. Der Ätherkörper ist die grobstofflichste Schicht, je weiter außen, desto feinstofflicher werden die Auraschichten. Der Emotionalkörper wird meist als farbige Energiewölkchen wahrgenommen, die ständig in Bewegung sind. Beim Menschen geht der Emotionalkörper ca. bis 10 cm über den physischen Körper hinaus. Bei Tieren ist die Ausdehnung je nach Körpergröße entsprechend mehr oder weniger.

Die Farben des Emotionalkörpers reichen von strahlenden Farben bis zu trüben Pastellfarben oder gräulichen Schattierungen, je nach emotionalem Zustand des Tieres. Das Aussehen des Emotionalkörpers ändert sich sehr rasch, sobald sich die Gefühle des Tieres verändern.

MENTALKÖRPER

Der Mentalkörper ist noch feinstofflicher als der Emotionalkörper und erscheint häufig als helles Licht, das vom Kopf ausgehend die Aura entlangfließt, ähnlich wie Wasserdampf. Im Mentalkörper sind gedankliche Prozesse, sowie Einstellungen und Glaubenssätze abgebildet. In dieser Auraschicht erkennt man einerseits, welche Einstellungen und Gedanken sich das Tier zu seinem Leben macht, hier findet man aber auch häufig Blockaden des Tierbesitzers, die vom Tier übernommen werden, beispielsweise negative Glaubenssätze, Zweifel und Ängste.

Der Mentalkörper reicht beim Menschen etwa 20 cm über den physischen Körper hinaus.

ASTRALKÖRPER

Der Astralkörper ist die Auraschicht, in der alle Beziehungen abgebildet sind, die das Tier zu anderen Tieren, Menschen, Orten oder Gegenständen hat. Es findet ein ständiger Energieaustausch unterschiedlicher Qualität statt. Wenn Energien regelmäßig über einen längeren Zeitraum zwischen Lebewesen fließen (z. B. in der Familie, im Rudel, in der Herde) entstehen zwischen den Chakren

Verbindungen, die als feinstoffliche Schnüre, Leitungen, Seile, Stangen oder Schläuche wahrgenommen werden können – je nach Qualität der Beziehung. Von diesen Verbindungen war in den vorangegangenen Kapiteln die Rede, wenn darauf hingewiesen wurde, wie wichtig es ist, sich sorgfältig energetisch vom Tier zu trennen, wenn man die Wahrnehmung des Energiesystems geübt und sich von dem Tier verabschiedet hat.

Je enger und aktueller die Beziehung ist, desto stärker ist normalerweise die Verbindung. Doch es können auch Verbindungsschnüre zu Menschen oder Tieren bestehen, die das Tier lange nicht gesehen hat, mit denen es aber sehr verbunden ist – negativ oder positiv: z. B. zu einem Menschen, der das Tier vor Jahren geschlagen hat, oder zu Vorbesitzern, die das Tier sehr geliebt haben.

Vor allem in Beziehungen zu Menschen sind Tiere oftmals verstrickt, das heißt, die Beziehung beruht nicht nur auf Liebe und Freiheit, sondern es spielen Abhängigkeiten, Macht und Ohnmacht eine Rolle. Wenn Tiere negative Aspekte ihrer Besitzer spiegeln oder ihnen energetische Blockaden abnehmen, entstehen ebenfalls blockierende energetische Verbindungen zwischen dem Astralkörper des Tieres und dem Astralkörper des Menschen.

Chakrenverbindungen können für das jeweilige Lebewesen positiv (nährend, freudvoll, liebevoll und in Freiheit) oder negativ (energieraubend, abhängig machend und bindend) sein. Die Chakrenverbindungen stehen in Beziehung mit demjenigen Chakra, auf das sie sich vom Thema her beziehen. Beispielsweise kann sich die Beziehung eines Turnier-Pferdes zur Reiterin vor allem im Sakralchakra zeigen. Wenn beide Spaß im Wettbewerb haben, ist die Verbindung sehr positiv. Eine Beziehung, bei der das Tier ein Opfer von Misshandlung geworden ist, wird eine sehr negative Verbindung zum Täter im Solarplexus aufweisen.

SEELISCHER ÄTHERKÖRPER

Der seelische Ätherkörper ist die erste Auraschicht auf seelischer Ebene. Barbara Ann Brennan, die das System der sieben Aura-schichten im menschlichen Energiesystem geprägt hat, nennt ihn „Ätherischen Negativkörper".

Beim Menschen reicht diese Schicht bis ca. 70 cm über den physischen Körper hinaus.

In ihm sind alle körperlichen Themen abgebildet, die die seelische Ebene betreffen, die also sehr tief greifend sind, sich sehr eingeprägt haben. Beispielsweise alle Traumata aus dem aktuellen Leben, die den Körper betreffen, z. B. Unfälle oder Verletzung anderer, die das Tier beobachtet hat. Auch positive Energien sind in dieser Aura-schicht gespeichert, vor allem positive körperliche Erfahrungen, die sehr prägend waren, etwa das Gefühl der Geborgenheit als Baby oder sportliche Erfolge.

Auch körperliche Erfahrungen (positive und negative) aus früheren Inkarnationen sind im seelischen Ätherkörper gespeichert, sofern sie für dieses Leben relevant sind.

Die Transformation von Blockaden, die aus früheren Inkar-nationen des Tieres stammen, wird im Kapitel „Karmaarbeit" ausführlich behandelt. Es kann sein, dass man, ohne gezielt nach karmischen Themen zu fragen, über die seelischen Auraschichten sehr schnell auf solche Erlebnisse stößt. Immer, wenn in einer Auraschicht Bilder von tödlichen Verletzungen erscheinen (etwa Indianer-Pfeile, Messer, Pistolen-Kugeln, abgetrennte Körperteile), kann man davon ausgehen, dass es sich um karmische Erinnerungen handelt.

Der seelische Ätherkörper ist die erste Auraschicht, die seelische Themen beinhaltet. Meist ist die Wahrnehmung der drei seelischen

Auraschichten anders als die der ersten drei Schichten. Sie schwingen feiner und sind oft nicht so konkret, nicht so greifbar.

Man kann von einer Dreiteilung der sieben Auraschichten sprechen, die inneren drei Schichten stellen sehr konkrete, irdische Themen dar: Körper, Gefühle und Gedanken. Der Astralkörper als Beziehungsschicht besteht aus den unterschiedlichsten Chakrenverbindungen und wird meist nicht als eigenständige Auraschicht wahrgenommen. Und schließlich die drei seelischen Schichten mit sehr schwer greifbaren, feinstofflichen Themen.

ÜBERBLICK ÜBER DIE SIEBEN AURASCHICHTEN

Ebene	Name	Name gemäß Barbara Brennan
körperlich	Ätherkörper	Ätherkörper
emotional	Emotionalkörper	Emotionalkörper
mental, geistig	Mentalkörper	Mentalkörper
Beziehungen	Astralkörper	Astralkörper
seelisch-körperlich	seelischer Ätherkörper	ätherischer Negativkörper
seelisch-emotional	seelischer Emotionalkörper	himmlischer Körper
seelisch-mental	seel. Mentalkörper/ Kausalkörper	Kausalkörper

Die Auraarbeit auf seelischer Ebene, das heißt in den äußersten drei Aurahüllen, unterscheidet sich sehr stark von der Arbeit in den ersten vier Schichten.

Auraarbeit auf seelischer Ebene ist sehr stark von Gnade geprägt. Es geht weniger darum, bestimmte energetische „Techniken" anzuwenden, sondern es handelt sich vielmehr um eine Bitte an die Seele des Tieres, auf dieser Ebene mithilfe von lichtvoller Energie Heilung bewirken zu dürfen. Man ist weniger „Techniker", der etwas „repariert", sondern vielmehr jemand, der Heilung erbittet und dann dankbar zusieht, wie die Seele des Tieres, in Verbindung mit Lichtwesen, am Energiesystem arbeitet.

SEELISCHER EMOTIONALKÖRPER

Im seelischen Emotionalkörper sind alle Gefühle gespeichert, die für das Tier prägend waren (in diesem und in früheren Leben). Sowohl negative Gefühle wie Schmerz, Panik oder Traurigkeit, als auch positive Gefühle wie Glück, Freude und Hoffnung. Ähnlich wie im seelischen Ätherkörper finden sich hier sehr tief greifende, prägende Erfahrungen. Beim Menschen reicht diese Schicht bis ca. 85 cm über den physischen Körper hinaus.

SEELISCHER MENTALKÖRPER = KAUSALKÖRPER

Auch im seelischen Mentalkörper sind prägende Situationen aus diesem oder früheren Leben des Tieres erkennbar. Hier finden sich Erinnerungen, Glaubenssätze und Einstellungen. Beispielsweise kann ein Pferd, das in einem Zuchtbetrieb auf die Welt kommt und von seiner Mutter lernt, dass Menschen Pferde nur als Ware sehen, die Einstellung haben, dass man Menschen nicht über den Weg trauen darf. Dieser Satz mag sehr menschlich klingen, Tiere würden es wahrscheinlich nicht in dieser Form ausdrücken, doch die Einstellung kann von uns Menschen sinngemäß auf diese Weise im Energiesystem eines Tieres wahrgenommen werden.

Beim Menschen reicht diese Schicht bis ca. einen Meter über den physischen Körper hinaus. Die Außenseite des Kausalkörpers ist die „goldene Eiform", die jedes Lebewesen umgibt.

Außerhalb des Kausalkörpers gibt es unendlich (!) viele weitere Auraschichten, die alles miteinander verbinden.

Die äußerste Schicht dehnt sich bis in die Unendlichkeit aus und entspricht dem gesamten morphogenetischen Feld. Eine andere Auraschicht umfasst den gesamten Planeten Erde. Über diese Ebene ist jedes Lebewesen mit allen anderen Lebewesen, aber auch mit unbelebten Dingen auf der Erde verbunden. Andere Auraschichten reichen weniger weit und verbinden Menschen und Tiere mit den verschiedensten Systemen (z. B. mit einem Rudel, einer Familie, einer Herde).

GEISTIGE AURAWAHRNEHMUNG

Es empfiehlt sich, zuerst die Chakrenwahrnehmung einige Male zu üben, bevor man sich der Aura zuwendet. Grundsätzlich sind die Wahrnehmungen in den Chakren meist deutlicher. In jeder Auraschicht ist eine Fülle von Informationen und Energien enthalten. Im Grunde ist das gesamte Leben des Tieres, bezogen auf das Thema der Auraschicht, beinhaltet und zusätzlich eine Fülle von Erfahrungen aus früheren Inkarnationen. Man könnte sich jahrelang mit nur einer Auraschicht beschäftigen und würde jeden Tag immer neue Aspekte entdecken! Wenn man sich auf eine Auraschicht konzentriert, ist es daher sinnvoll, sich nur auf die Themen zu konzentrieren, die mit einem bestimmten körperlichen, emotionalen oder seelischen Problem oder einem Verhalten des Tieres in Zusammenhang stehen.

Man kann sich die Blockaden, die in der Auraschicht gespeichert sind, ähnlich wie die Schichten einer Zwiebel vorstellen: Man gelangt beim ersten Mal zur äußersten Schicht, nimmt einiges wahr, bearbeitet es energetisch. Beim nächsten Mal gelangt man womöglich schon eine Schicht tiefer. Ist das Thema der ersten energetischen Sitzung noch nicht vollständig geklärt, erscheint es später ein weiteres Mal.

Beispiel

Eine Stute hat große Angst vor dem Pferdehänger und weigert sich, einzusteigen. Bei der ersten energetischen Sitzung erscheint in der Aura ein Bild von einem Fohlen, das neben seiner Mutter im Pferdehänger steht und panische Angst hat. Als das Bild der Besitzerin geschildert wird, bestätigt sie, dass das Fohlen im Alter von wenigen Tagen mit seiner Mutter über 100 km weit im Hänger gefahren wurde. In der energetischen Sitzung wird dieses Erlebnis mit Innerer-Kind-Arbeit (siehe Kapitel „Arbeit mit dem Inneren Kind") bearbeitet.

Bei der nächsten Sitzung erscheint ein Bild aus einem früheren Leben, bei der das Pferd einen Unfall erlebt, als es in einem Eisenbahnwaggon mit anderen Pferden transportiert wird. In dieser Sitzung wird die Erfahrung mit Karmaarbeit (siehe Kapitel „Karmaarbeit") gelöst.

Bei der dritten Sitzung erscheint schließlich eine Erfahrung aus dem Erwachsenenleben des Pferdes, bei dem es sich bei einem Einladeversuch in den Hänger losgerissen hat und panisch herumgelaufen ist. Es zeigen sich Blockaden im seelischen Mental- und Emotionalkörper, die in der Aura energetisch harmonisiert werden.

Der Tierbesitzerin wird empfohlen, mit ihrer Stute zusätzlich auf der Verhaltensebene zu arbeiten und nach Abschluss der geistigen Heilarbeit einige Trainingseinheiten mit Bodenarbeit und Verladetraining zu absolvieren. Die Stute zeigt sich dabei sehr kooperativ und steigt problemlos in den Hänger ein.

Um den Zustand einer Auraschicht wahrzunehmen, empfiehlt es sich, die Abfolge der Schritte, die im Kapitel „feinstoffliche Wahrnehmung" beschrieben werden, einzuhalten. Am besten konzentriert man sich beim ersten Mal (wie bei der Chakrenarbeit) auf die Wahrnehmung einer einzigen Auraschicht, da sonst womöglich zu viele Eindrücke erscheinen.

1. Schaffen einer Atmosphäre, in der man ungestört ist.

2. Reinigung der eigenen Aura mit der Licht-Wasserfall-Meditation, Reinigung des Raumes durch Räuchern oder ebenfalls durch Visualisieren des Licht-Wasserfalls.

3. Fokussieren auf das Energiesystem des Tieres, dessen Auraschicht man wahrnehmen möchte.

4. Herstellen einer Verbindung zum Tier durch Einladen unter den Licht-Wasserfall. Dabei auch Reinigung der Aura und der Chakren des Tieres.

5. Wahrnehmung der gewählten Auraschicht mithilfe der Hellsinne: Bilder, Gefühle, Gerüche, Geschmack, Geräusche, Worte, Gedanken.

6. Notieren der Wahrnehmungen.

7. Verabschieden und energetisches Trennen vom Tier.

8. Dämpfen der Wahrnehmung.

Schließe deine Augen und nimm ein paar tiefe Atemzüge. Bitte deinen Geistführer, ein Krafttier oder ein Lichtwesen, dich zu unterstützen.

Visualisiere einen Wasserfall aus kristallklarem Licht und stelle dich eine Weile darunter. Das Licht reinigt deine Aura, deine Chakren und fließt auch in deinen Körper hinein. Gib alles an das fließende Licht ab, was dich jetzt belastet. Stelle dir vor, dass der Licht-Wasserfall sich auch auf den Raum ausdehnt, in dem du dich jetzt befindest. Der Raum wird energetisch gereinigt. Spüre, wie sich seine Energie verändert.

Fokussiere dich nun auf das Tier, dessen Energiesystem du jetzt wahrnehmen möchtest, und lade es zu dir unter den Licht-Wasserfall ein. Seine Aura und seine Chakren werden von kristallklarem Licht durchflutet. Während das Tier weiterhin unter dem Licht-Wasserfall steht und die reinigende Energie genießt, konzentriere dich nun auf die Auraschicht, die du wahrnehmen möchtest. Erscheinen Bilder vor deinem geistigen Auge? Hörst du Worte oder Geräusche? Was spürst du in deinem Körper? Welche Emotion spürst du in deinem Herzen? Nimmst du einen Geschmack oder einen Geruch wahr? Welche Gedanken kommen dir, während du dich auf die Auraschicht konzentrierst? Nimm alles in Ruhe wahr. Es gibt kein Richtig oder Falsch. Wenn du möchtest, notiere deine Wahrnehmungen. Bedanke dich nun bei dem Tier und verabschiede dich von ihm. Visualisiere eine goldene Kugel um dich und eine goldene Kugel um das Tier und trenne geistig alle Verbindungen, die sich zwischen dir und dem Tier möglicherweise gebildet haben. Stelle dir vor, dass dein Stirnchakra sich wieder ein wenig schließt, so, wie es für dich für den weiteren Verlauf dieses Tages stimmig ist. Komme dann in deiner Zeit wieder ganz ins Hier und Jetzt zurück.

INTERPRETATION FEINSTOFFLICHER WAHRNEHMUNG IN DEN AURASCHICHTEN

Wie bei der Chakrenwahrnehmung gilt, dass die Wahrnehmung feinstofflicher Energien sehr individuell ist. Dennoch sollen hier einige Hinweise dazu gegeben werden, was verschiedene Wahrnehmungen in der Praxis häufig bedeuten.

AURASCHICHT IST VERSCHOBEN

Idealerweise liegen alle Auraschichten in regelmäßigen Abständen rund um den Körper. Es kommt jedoch häufig vor, dass Auraschichten nach links, rechts, unten oder oben verschoben wahrgenommen werden. In Extremfällen ist sogar ein Großteil der Aura außerhalb des Körpers oder die Aura schwebt über dem Körper. Ursache dafür kann entweder ein Trauma sein oder eine schwere Krankheit oder Narkose. Auch wenn ein Tier sich im Sterbeprozess befindet, löst sich die Aura Schritt für Schritt vom physischen Körper.

Bei vielen Tieren ist die Aura ein wenig oder sogar drastisch verschoben. Dieser Zustand fühlt sich im wahrsten Sinn des Wortes so an, als würde man „neben sich stehen". In solchen Fällen empfiehlt es sich, mit dem Tier energetische Traumaarbeit durchzuführen (siehe Kapitel „energetische Traumaarbeit").

DIE AURASCHICHT WEIST EINE BESONDERE FARBE AUF

Im Emotionalkörper ist es vollkommen normal, dass verschiedenste, zuweilen sehr intensive Farben erscheinen. Sie deuten auf die Gefühle hin, die das Tier im jeweiligen Moment hat:

1. **rot:** Wut, Aggression
2. **orange:** Freude
3. **gelb:** Lebensfreude
4. **grün:** Entspannung, tiefer Friede
5. **rosa:** Liebe
6. **blau:** unterkühlt, distanziert
7. **grau:** traurig

Diese Interpretationen gelten nur für den Emotionalkörper. Zeigen sich in anderen Aura-Schichten intensive Farben, können die Standard-Interpretationen für Farben in Chakren Hinweise auf die Thematik liefern.

BILDER, SZENEN

In den Auraschichten erscheinen meist Bilder zu Situationen oder Szenen aus dem Leben des Tieres, die auf den Ursprung einer Blockade hinweisen. Hier kann von der Art des Bildes darauf geschlossen werden, ob es sich um ein Bild aus diesem Leben (etwa aus der Babyzeit des Tieres) handelt oder um ein karmisches Bild. Dementsprechend kann man das Thema dann energetisch durch Innere-Kind-Arbeit, Traumaarbeit oder Karmaarbeit lösen.

WEITERE ARTEN DER WAHRNEHMUNG DES ENERGIESYSTEMS DER TIERE

Neben der geistigen Wahrnehmung der Aura der Tiere gibt es noch weitere Methoden:

WEISSE WAND

Um das Sehen der Aura mit geöffneten Augen zu üben, empfiehlt es sich, das Tier vor eine weiße Wand zu stellen oder zu setzen und dann mit offenen Augen unfokussiert auf einen Punkt zwischen sich und dem Tier zu schauen. Es ist dieser Blick, den Kinder oft haben, wenn sie mit offenen Augen abwesend sind und vor sich hin träumen.

Wichtig dabei ist, das Tier nicht anzusehen und nichts anderes mit den Augen zu fixieren. Nach einiger Zeit erscheint meist ein heller Lichtkranz um das Tier, der nach außen strahlt (Ätherkörper). Manche Personen erkennen feine Wölkchen, die sich um das Tier bewegen (Emotionalkörper) oder eine Art „Rauch", der vom Kopf ausströmt und neben dem Tier zu Boden sinkt (Mentalkörper).

Meist ist mit offenen Augen keine detaillierte Wahrnehmung möglich, denn sobald man etwas fokussiert, verschwindet es wieder. Wenn man etwas in der Aura entdeckt hat und es sich näher betrachten möchte, empfiehlt es sich, dazu die Augen zu schließen, sich das Bild vor das innere Auge zu holen und es dann näher zu analysieren. Manche Menschen erhalten auch, während sie die Aura betrachten, mithilfe des Hellhörens oder Hellwissens weitere Informationen.

Die meisten Tiere sind sehr kooperativ und bleiben gerne vor der weißen Wand stehen, damit man üben kann. Man sollte diese Geduld aber auf keinen Fall ausnützen! Das Üben mit geschlossenen Augen ist für das Tier meist entspannter, weil es dabei jede Körperhaltung annehmen und sich den Ort, an dem es sich aufhält, selbst aussuchen kann.

WAHRNEHMUNG ÜBER DIE HÄNDE

Viele Menschen tun sich sehr leicht dabei, das Energiesystem der Tiere direkt am Tier mit den Händen zu erfühlen. Dazu stellt man das Tier vor sich (oder nimmt es auf den Schoß) und hält die Handfläche ca. 10 -50 cm über das Fell. Der Abstand hängt davon ab, welche Nähe das Tier zulässt. Er ist auch abhängig von der Größe des Tieres. Man kann die Distanz immer wieder variieren. Dann bewegt man die Hand im Abstand über den Körper des Tieres, bewegt sich also in der Aura des Tieres auf und ab und spürt, was man wahrnimmt: Kälte, Wärme, Hitze, Weiche, Härte, vielleicht ein Stechen in der Handfläche.

Hitze deutet meist auf eine Überenergie an dieser Stelle hin, Kälte auf eine energetische Unterversorgung. Generell weisen unangenehme Empfindungen auf energetische Blockaden, angenehme Empfindungen auf harmonische Energien hin.

Wenn man eine Stelle in der Aura gefunden hat, die heraussticht, weil sie sich anders anfühlt als der Rest, kann man wieder die Augen schließen, diese Stelle vor das innere Auge holen und näher „nachsehen" oder auch offen sein für weitere Wahrnehmungen (Worte, Gedanken, Gefühle).

Falls das Tier eine Annäherung nicht zulässt oder sich an einem anderen Ort befindet, kann man das Fühlen der Hände auch ausführen, indem man das Tier geistig vor sich „hinstellt", sich also vorstellt, das Tier befindet sich in einer Größe, die man selbst festlegen kann, vor einem im Raum. Dann beginnt man, an den Körpergrenzen, die man ja geistig selbst definiert hat, entlangzufahren und wie zuvor beschrieben das Energiesystem wahrzunehmen.

Welche Technik am wirkungsvollsten ist, ist sehr individuell. Es lohnt sich, alle Techniken immer wieder auszuprobieren, um eine oder mehrere Techniken zu finden, die sich stimmig anfühlt/ anfühlen.

ZUSAMMENHANG CHAKREN UND AURASCHICHTEN

In den meisten Darstellungen des Chakrensystems werden die Chakren als einfache Trichter oder Blüten an der Hautoberfläche dargestellt.

Betrachtet man alle Aspekte der sieben Chakren in allen Auraschichten, ergibt sich, dass jedes Chakra in jeder Auraschicht existiert.

Das gesamte Chakrensystem besteht also aus 12 Chakren (außer Wurzel- und Kronenchakra jeweils auf Bauch und Rücken ein Chakra) auf sieben Ebenen, also insgesamt 84 Chakren in allen Auraschichten. Je nachdem, auf welcher Auraschicht man die verschiedenen Chakren betrachtet, ergeben sich interessante Zusammenhänge, die ein tieferes Verständnis für das Tier ermöglichen.

Wenn man beispielsweise den Solarplexus betrachtet, der die Themen Macht und Ohnmacht beinhaltet, und eine Blockade im Solarplexus an der Bauchseite bei einem Tier entdeckt, dann kann man diese Blockade näher analysieren und die verschiedenen Solarplexus-Chakren in den sieben Auraschichten wahrnehmen oder abfragen.

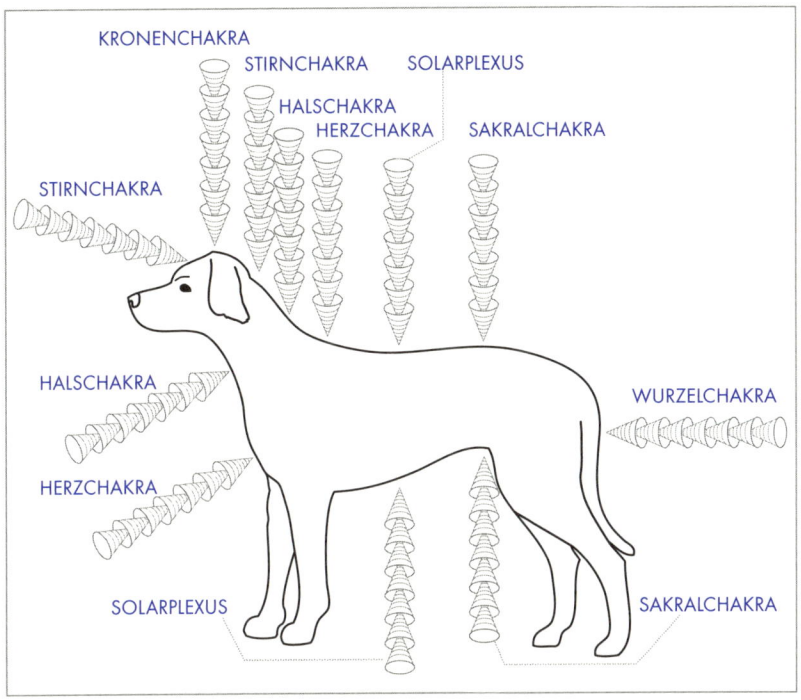

Abbildung 14

Womöglich sind alle blockiert, vielleicht nur ein einziges, das dazu geführt hat, dass der Solarplexus als Ganzes blockiert erscheint. Betrachtet man nämlich einfach die sieben Hauptchakren, dann kann man es sich so vorstellen, als würden die sieben Trichter in Abbildung 14 zu einem Trichter zusammengeschoben werden, der dann harmonisch oder blockiert erscheinen kann.

In den verschiedenen Auraschichten könnten folgende Themen im Solarplexus eine Rolle spielen:

- **Ätherkörper:** Hat das Tier körperliche Misshandlung erfahren? Ist es in einen Kampf mit einem Artgenossen geraten? Hat das Tier den Eindruck, es sei körperlich stark? Ist das Tier selbstbewusst?

- **Emotionalkörper:** Hier würden sich beispielsweise aktuelle Emotionen, die mit einer Ohnmachtssituation zu tun haben, zeigen.

- **Mentalkörper:** Man kann in dieser Schicht Einstellungen, Glaubenssätze oder Erinnerungen an Ohnmachtssituationen wahrnehmen. Weiters zeigen sich Lebenseinstellungen, die das Tier nicht unbedingt verbal formuliert, die aber in seinem Leben eine Rolle spielen und daher im Mentalkörper sichtbar sind (z. B. die Einstellung eines Tieres, dass Artgenossen sehr verletzend sein können).

- **Astralkörper:** Hier zeigen sich Beziehungsthemen, die mit Macht oder Ohnmacht zu tun haben, beispielsweise die Beziehung zu einem anderen Tier, vor dem es Angst hat, oder die Beziehung zum Tierarzt, falls dieser dem Tier einmal Schmerzen zufügen musste.

- **seelischer Ätherkörper:** In dieser Schicht sind körperliche Themen auf Seelenebene wahrnehmbar, beispielsweise massive körperliche Misshandlungen, karmische Themen und alles, was sehr früh in der Kindheit/Babyzeit geschehen ist.

- **seelischer Emotionalkörper:** Hier kann man emotionale Themen auf Seelenebene erkennen, die mit Macht und Ohnmacht zu tun haben, z. B. massive Ohnmachtssituationen oder Misshandlungen.

- **seelischer Mentalkörper/Kausalkörper:** In dieser Auraschicht finden sich Erinnerungen an Ohnmachtssituationen sowie lebensbestimmende Glaubenssätze zum Thema Macht und Ohnmacht.

MEDITATION: HEILUNG DES SEELISCHEN ÄTHERKÖRPERS MIT ERZENGEL RAPHAEL

Die folgende Meditation dient dazu, den seelischen Ätherkörper eines Tieres detailliert wahrzunehmen und mit Hilfe von Erzengel Raphael energetische Blockaden zu lösen. Erzengel Raphael ist mit dem grünen Strahl der Heilung und Wahrheit verbunden.

Während der Engel sich um die Heilung kümmert, hat man die Möglichkeit, die Hintergründe der Blockaden (z. B. traumatische Erfahrungen, karmische Belastungen) wahrzunehmen. Diese Reise geht sehr tief und sollte daher nicht zu oft durchgeführt werden. Es empfiehlt sich, eine Pause von ca. 3-6 Wochen zu machen, bevor man die Reise (mit demselben Tier) wiederholt.

Mache es dir bequem, entspanne dich, komme ganz in dir an. Nimm ein paar tiefe Atemzüge und spüre, wie dein Atem dir dabei hilft, deine Energie in deinem Körper zu zentrieren. Alle Energie-Anteile von dir, die sich im Moment an anderen Orten befinden, kehren jetzt zu dir zurück. Vielleicht handelt es sich bei diesen Energie-Anteilen um Aufmerksamkeit, die bei anderen Personen oder bei Tieren ist. Alle Energie, die an verschiedenen Orten verstreut ist, kommt jetzt zu dir zurück. Du ziehst sie an wie ein Magnet und spürst, wie sich dein Körper immer mehr mit Energie füllt und deine Aura immer kompakter und energiegeladener wird.

Stelle dir nun vor, dass aus deinem Herzchakra in der Mitte deines Brustkorbs ein goldener Weg emporwächst. Der Weg wächst immer höher und höher, in den Himmel hinein, durch die Wolkendecke hindurch und immer höher und höher in Richtung Universum.

Lade nun ein Tier dazu ein, zu dir zu kommen. Vielleicht dein eigenes Tier oder ein Tier, von dem du weißt, dass es im Moment energetische Unterstützung brauchen könnte. Dein Schutzengel nimmt dich an der Hand und du gehst nun völlig sicher und geschützt in Begleitung des Tieres diesen goldenen Weg hinauf, immer höher und höher, durch die Wolkendecke hindurch und immer höher und höher in Richtung Universum.

Schließlich kommt ihr zu einem goldenen Tor, das wie von allein aufschwingt. Ihr tretet hindurch. Ihr gelangt in einen wunderschönen, strahlenden Wolkenraum. Das goldene Tor schwingt hinter euch wieder zu und ihr macht es euch auf den Wolken gemütlich. Spüre die bedingungslose Liebe, die dieser feinstoffliche Heilungsraum ausstrahlt.

Du bemerkst, dass sich um euch herum unzählige Lichtwesen versammelt haben, die euch liebevoll begleiten und unterstützen möchten.

Aus dem Kreis der lichtvollen Gestalten tritt nun ein Wesen auf euch zu. Es handelt sich um Erzengel Raphael, den Engel der Heilung. Raphael blickt euch liebevoll an, ergreift deine Hand und berührt das Tier, das dich hierher begleitet hat. Du spürst die bedingungslose Liebe und die kraftvolle Unterstützung, die von dem Erzengel ausgehen.

Raphael führt euch nun zu einer wunderschönen, flauschigen, weißen Liege, die ganz aus Wolken gemacht ist. Das Tier ist eingeladen, sich darauf zu legen, und darf sich völlig entspannen. Mache es dir daneben gemütlich und beobachte den Prozess.

Erzengel Raphael legt nun seine Hände oder Flügel an verschiedene Stellen des Körpers des Tieres und lässt seine grüne Heilungsenergie einfließen. Einige weitere Engel treten an Raphaels Seite und versorgen den Körper des Tieres mit den Energien, die er nun zusätzlich benötigt: Farben, Düfte,

Essenzen, Heilsteine, Pflanzen, Schwingungen. Dein Tier kann die kraftvolle Energie genießen und sich nun immer mehr der Heilung hingeben.

Sieh dir den Körper des Tieres genau an. Wahrscheinlich wirkt er anders, als du es gewohnt bist. Was du wahrnimmst, ist der Körper des Tieres auf seelischer Ebene. Dieser Aspekt des Körpers wird auch „seelischer Ätherkörper" genannt. Kannst du seelische Wunden oder Verletzungen erkennen?

Erzengel Raphael berührt eine der Verletzungen, die jetzt sichtbar werden. Vor deinem geistigen Auge entsteht nun langsam ein Bild oder du bekommst eine Idee davon, was hinter der Verletzung stehen könnte. Vertraue darauf, dass deine Intuition richtig ist.

Vielleicht erscheint eine Verletzung oder eine schmerzhafte Erfahrung des Tieres aus einem früheren Leben, vielleicht aus diesem Leben. Nimm dir Zeit, alles wahrzunehmen, was jetzt wichtig für dich ist.

Die Heilungsenergie von Raphael fließt nun in das Bild oder in die Situation und die Verletzung darf heilen.

Das Tier ist eingeladen, die Heilung einfach geschehen zu lassen. Es kann sich vollkommen entspannen. Nehmt euch Zeit dazu.

Als du seinen Körper wieder betrachtest, erkennst du, dass die Verletzung geheilt ist.

Raphael berührt nun eine weitere Körperstelle, die seelisch verwundet ist. Lasse wieder ein Bild vor deinem inneren Auge entstehen. Vielleicht erklärt dir Raphael auch, wie die Wunde entstanden ist, oder du hast einen Gedanken oder eine Idee dazu. Vertraue auf deine Intuition.

Die Heilungsenergie von Raphael bewirkt, dass die Verletzung heilt. Die Situation oder Szene darf sich wieder auflösen. Nehmt euch Zeit für diesen Prozess.

Raphael wiederholt diesen Vorgang jetzt noch mit einigen weiteren Körperteilen. Das Tier genießt die Heilungsenergie und du kannst ohne Druck alles wahrnehmen, was jetzt wichtig ist. Nimm dir Zeit dazu.

Raphael hält nun zum Abschluss seine Hände oder Flügel über den Körper des Tieres. Er reinigt alle belastenden Energien aus seinen Auraschichten und seinem gesamten Chakrensystem. In dem Moment, in dem diese Belastungen Raphaels Hände oder Flügel berühren, werden sie transformiert. Nimm dir Zeit, diesen Prozess zu beobachten. Die Energie kommt im selben Moment zum Tier zurück.

Dein Tier kann jetzt noch eine Zeit liegen bleiben und die frischen Energien in seinem Energiesystem genießen. Du hast nun die Möglichkeit, Erzengel Raphael einige Fragen zu stellen. Du kannst ihn alles fragen, was im Moment für dich, deine Entwicklung und deinen Weg, aber auch für das Tier wichtig ist. Nimm seine Antworten mit deinen Hellsinnen wahr. Bedanke dich anschließend bei ihm.

Genieße noch einen Moment die Anwesenheit all der Lichtwesen, die für dich da sind, die du immer um Hilfe und um Rat fragen kannst. Bedanke dich bei ihnen.

Gehe dann langsam mit dem Tier wieder durch das goldene Tor und den goldenen Weg hinab. Tiefer und tiefer führt der Weg, den ihr beschreitet; durch die Wolkendecke hindurch, die Erde kommt immer näher und näher. Ihr geht tiefer und tiefer, bis ihr wieder auf der Erde angelangt seid. Ziehe den goldenen Weg wieder in dein Herzchakra ein und stelle dir vor, dass es wieder seine normale Größe annimmt. Verabschiede dich von dem Tier und bedanke dich bei ihm. Komme dann langsam mit deiner Aufmerksamkeit wieder in deinen Körper zurück und öffne deine Augen.

Nach dieser Reise sollte man dafür sorgen, dass das Tier die Möglichkeit hat, sich zurückzuziehen, wenn es das möchte. Es kann sein, dass es schläfrig ist. Manche Tiere sind allerdings energiegeladen und voller Tatendrang. Und schließlich gibt es die Tiere, die eine Art „Pokerface" machen und sich kaum anmerken lassen, dass sie Nachwirkungen der Meditation spüren.

MEDITATION: SEELISCHE AURASCHICHTEN

Bei dieser Reise hat man Gelegenheit, die eigenen drei äußeren Auraschichten und die eines Tieres detailliert wahrzunehmen. Die Schichten werden energetisch gereinigt, aufgeladen und Blockaden werden gelöst.

Atme tief durch und entspanne dich völlig. Lasse den Atem durch deinen ganzen Körper fließen. Gehe bewusst in alle Stellen, die noch angespannt sind. Der Atem bringt dir und deinem Körper Entspannung. Atme Entspannung ein und Anspannung aus. Fühle, wie du offen und frei wirst und gleichzeitig ganz in deiner Mitte und in deiner Kraft ankommst. Erlaube deinem Körper und deinem Geist, zur Ruhe zu kommen. Stelle dir nun vor, du bist an einem Ort von sehr hoher Schwingung. Er ist deiner Seele vollkommen vertraut. Sieh dich in Ruhe an diesem Ort um.

Lade ein Tier an diesen Ort ein. Vielleicht dein eigenes Tier oder ein Tier, von dem du weißt, dass es im Moment energetische Unterstützung benötigen würde. Nimm wahr, welches Tier erscheint und begrüße es herzlich.

Ein Lichtwesen tritt nun auf dich und das Tier zu. Es lädt euch ein, mit ihm eine wunderschöne Lichtsäule zu betreten, die in allen Farben leuchtet und funkelt. Lasst das funkelnde, sehr sanfte Licht an euch herabfließen; in alle Auraschichten, auch in eure Körper hinein. Ihr werdet energetisch gereinigt und aufgeladen.

Das Licht fließt jetzt auch ganz besonders in eure fünfte Auraschicht, den seelischen Ätherkörper. Nimm wahr, ob du Blockaden bei dir oder dem Tier wahrnehmen kannst. Vielleicht erscheinen Bilder, Worte oder Gedanken, die dir einen Hinweis darauf geben, was in dieser Auraschicht gespeichert ist. Nimm dir Zeit.

Das Licht reinigt eure seelischen Ätherkörper und lädt sie auf. Wenn ihr dazu bereit seid, bittet das Lichtwesen, in dieser Auraschicht alles zu heilen, was der Heilung bedarf. Lasst es einfach geschehen und vertraut euch dem Lichtwesen an. Als nächstes fließt das Licht ganz besonders in eure sechste Auraschicht, den seelischen Emotionalkörper.

Das Licht reinigt diese Auraschicht und lädt sie auf. Nimm wieder wahr, welche Blockaden du in dieser Auraschicht erkennst. Lass dir Zeit dafür.

Wenn ihr dazu bereit seid, bittet das Lichtwesen, in dieser Auraschicht alles zu heilen, was der Heilung bedarf. Lasst es einfach geschehen und vertraut euch dem Lichtwesen an. Und nun fließt das Licht ganz besonders in eure siebte Auraschicht, den seelischen Mentalkörper.

Das Licht reinigt diese Auraschicht und lädt sie auf. Kannst du einige Themen dieser Auraschicht bei dir oder dem Tier erkennen? Nimm dir Zeit.

Wenn ihr dazu bereit seid, bittet das Lichtwesen, in dieser Auraschicht alles zu heilen, was der Heilung bedarf. Lasst es einfach geschehen und vertraut euch dem Lichtwesen an. Bedankt euch dann bei dem Lichtwesen und genießt noch einen Moment die heilsame Energie, die eure Auraschichten

durchströmt. Bedanke dich auch bei dem Tier und verabschiede
dich von ihm.

Komme dann in deinem Tempo wieder ganz ins Hier und Jetzt
zurück und öffne in deiner Zeit wieder deine Augen.

ENERGETISCHE ASPEKTE DER MENSCH-TIER-BEZIEHUNG

Ohne uns Menschen hätten die Tiere die meisten ihrer Probleme nicht! Das klingt vielleicht hart, ist aber auf der feinstofflichen Ebene häufig klar erkennbar.

Es ist bekannt, dass Tiere ihre Menschen körperlich und psychisch gesund halten. In Pflege- und Seniorenheimen werden daher immer mehr Therapiehunde und andere Therapietiere eingesetzt, deren Anwesenheit zur Zufriedenheit, Freude und Motivation der Menschen dient. Auch das Therapiereiten, das Kindern und Erwachsenen mit besonderen Bedürfnissen Kraft gibt und Entwicklungsschritte unterstützt, boomt. Grundsätzlich ist die Unterstützung von Menschen durch Therapietiere eine wunderbare Sache, allerdings nur, wenn dabei auf die energetische Ausgewogenheit der Tiere geachtet wird. Ähnlich wie menschliches Pflegepersonal haben Therapietiere ein hohes Risiko, sich energetisch und psychisch zu verausgaben. Sie geben und geben, aus Mitgefühl zu den Menschen, und dabei sinkt ihr Energieniveau. Zusätzlich übernehmen Tiere die energetischen Blockaden von Menschen und damit gerät ihr Energiesystem in Disharmonie. Wenn kein Ausgleich (in Form von Pausen oder energetischem Ausgleich) geschaffen wird, kann es sein, dass ein Therapietier langfristig krank wird oder Verhaltensauffälligkeiten zeigt.

Ähnlich geht es den Haustieren, die ihre Menschen (von diesen meist unbemerkt) laufend mit Energie versorgen und sich deren Probleme aufladen. In diesem Kapitel soll – auf Basis des Aura- und Chakrensystems der Tiere – gezeigt werden, wie dieser Energieaustausch geschieht und was Tierbesitzer/Tierbesitzerinnen dagegen tun können, dass die Tiere unter den energetischen Disharmonien ihrer Menschen leiden.

CUTTING VON CHAKRENVERBINDUNGEN

Im Kapitel „Das Aurasystem der Tiere" wurden die feinstofflichen Verbindungen zwischen Tieren und anderen Tieren oder Menschen beschrieben. Sie sind im Astralkörper, der vierten Auraschicht, erkennbar. Es gibt positive Verbindungen, über die zwischen beiden Lebewesen liebevolle Energie fließt. Solche Verbindungen nähren beide Beziehungspartner. Andere Verbindungen basieren nicht auf Liebe, sondern auf Abhängigkeit, Angst, Ohnmacht und anderen energetisch schwächenden Zuständen. Bei solchen Verbindungen verliert mindestens eines der beiden Wesen, die an der Beziehung beteiligt sind, Energie. Meist sind das die Tiere.

Negative Verbindungen zwischen Menschen und Tieren erscheinen meist nicht als einfache, feinstoffliche Schnüre, sondern können die Form von Stangen, Fesseln, Ketten oder anderen sehr negativ wirkenden Verbindungen annehmen, wenn man sie mit Hilfe der Hellsinne wahrnimmt.

Um solche Verstrickungen zu lösen, bedient man sich einer Technik, die „Cutting" (= Schneiden) genannt wird.

Es gibt verschiedene Cutting-Techniken, eine sehr bekannte und wirkungsvolle Methode geschieht mithilfe von Erzengel Michael. Wer lieber mit Krafttieren oder anderen Lichtwesen arbeitet, kann diese natürlich ebenso um Unterstützung beim Cutting bitten.

Schließe deine Augen und nimm ein paar tiefe Atemzüge. Bitte Erzengel Michael, dich zu unterstützen. Visualisiere einen Kübel mit goldener Farbe und einen dicken Pinsel und male geistig eine goldene Acht auf den Boden. Bitte eine zweite Person oder ein Tier, in die eine Achterschleife zu steigen, und steige selbst in die andere. Dann visualisiere eine Lichtsäule am Kreuzungspunkt der beiden Achterschleifen. Bitte Erzengel Michael, die negativen Verbindungen zwischen euch, die einen oder beide energetisch schwächen, sichtbar zu machen. Nimm dir Zeit, sie in Ruhe wahrzunehmen.

Bitte Erzengel Michael nun, sie mit seinem Lichtschwert zu durchtrennen. Die Enden der Verbindungen werden durch die Lichtsäule nach oben weggesaugt.

Wenn alle negativen Verbindungen durchtrennt sind, zieht sich die Lichtsäule zurück. Bedanke dich bei dem zweiten Wesen und bei Erzengel Michael und bitte ihn, deine Energie in den darauf folgenden Tagen und Wochen zu schützen und mögliche negative Verbindungen, die sich neu bilden, weiter zu durchtrennen. Verabschiede dich von dem Mensch oder Tier und löse die goldene Acht wieder auf.

SPIEGELGESETZ

Das Spiegelgesetz besagt, dass man mit der Kraft seines Geistes bewusst oder unbewusst die Realität erzeugt, in der man sich bewegt. Jeder Mensch, dem man begegnet, jede Situation, in der man sich befindet, jede Beziehung, die eigene Wohnung, das Auto, der Körper – sie alle spiegeln das Bewusstsein des jeweiligen Menschen.

Wie kann es sein, dass alles um uns herum ein Spiegel unseres Inneren ist? Einerseits ist es wichtig, zu beachten, dass es vor allem um die Dinge, Umstände und Personen geht, die einen emotional (positiv oder negativ) berühren oder besonders auffallen. Geht man z. B. in ein Einkaufszentrum und begegnet dort einigen hundert Personen, dann kann man sich später höchstens an einige wenige Menschen erinnern, die einem im Gedächtnis geblieben sind. Diese Personen sind besonders wichtig für Erkenntnisse im Sinne des Spiegelgesetzes. Interessant sind jene Menschen oder Tiere, die sehr positive oder negative Gefühle in einem auslösen. Diese Personen bzw. Tiere spiegeln Anteile in einem, die man entweder ablehnt und verdrängt (indirekter Spiegel) oder aber auslebt (direkter Spiegel). Man muss im Einzelfall beurteilen, um welche Art von Spiegel es sich handelt.

Beispiel

Eine Tierbesitzerin regt sich darüber auf, dass ihr Hund sich oft genüsslich im Schlamm wälzt und anschließend die Wohnung schmutzig macht. Der Hund ist durch nichts davon abzubringen. In der Aura des Tieres zeigen sich zu diesem Thema viele Verbindungen zu seiner Besitzerin und der Hund erklärt in einer Kommunikation auf Seelenebene, dass es sich um einen Spiegel handelt. Die Tierbesitzerin erzählt im Gespräch, dass ihr viele Menschen begegnen, die ungepflegt wirken und unangenehm riechen, und dass sie das Thema Sauberkeit und Hygiene sehr beschäftigt.

Um herauszufinden, ob es sich um einen direkten Spiegel handelt, sollte sich die Tierbesitzerin die Frage stellen, ob sie selbst manchmal ungepflegt ist und mehr auf ihre Körperhygiene achten sollte. Als indirekter Spiegel würden der Hund und die ungepflegten Menschen sie darauf hinweisen, dass sie extrem pingelig und reinlich ist und Angst hat, Körpergeruch zu verströmen, sich sogar vor ihrem eigenen Körper ekelt. Die Menschen, die sie abstoßend findet, und ihr Hund, der sich genüsslich im Schlamm wälzt, erlauben sich das, was sie sich nicht erlaubt.

Das Spiegelgesetz gibt einem die Chance, verdrängte Konflikte aufzudecken und in weiterer Folge Frieden mit bestimmten Eigenschaften zu schließen. Manchmal geht es auch darum, sich selbst für Dinge zu vergeben, die man in der Vergangenheit getan hat.

Beispiel

Ein Tierbesitzer leidet sehr unter den Grausamkeiten, die an Tieren begangen werden. Er bemüht sich, besonders liebevoll zu seinen Katzen zu sein, die ihm inzwischen nur mehr auf der Nase herumtanzen. Im Energiesystem der Katzen zeigt sich, dass es sich um ein Spiegelthema handelt. Sie meinen, er müsse ihnen endlich Grenzen setzen, er lasse sich viel zu viel gefallen. Im Gespräch über das Spiegelgesetz stellt sich heraus, dass der Tierbesitzer als Kind gemeinsam mit einem Freund Insekten gequält hat und furchtbare Schuldgefühle hat. Es handelt sich also um einen direkten Spiegel.

In einer energetischen Sitzung löst er diese Blockade für sich und das Verhältnis zu seinen Katzen normalisiert sich bald so weit, dass die Katzen ihm wieder gehorchen und zu Hause Friede einkehrt.

Es gibt natürlich auch positive Spiegel. Begegnen einem etwa besonders hilfsbereite, freundliche Menschen oder hat das eigene Tier viele positive Wesenszüge, über die man sich freut, dann kann das ein Hinweis darauf sein, dass man ähnliche Eigenschaften hat.

Unsere Tiere spiegeln uns aufgrund ihrer Nähe und ihrer Liebe zu uns besonders deutlich.

Einige Beispiele dafür, was uns unsere Tiere typischerweise spiegeln:

- körperliche Symptome und Krankheiten (dies ist besonders auffällig, wenn man immer wieder Tiere mit ähnlichen körperlichen Leiden hat wie man selbst)

- mentale Zustände (z. B. Einstellungen, Ängste)

- Verhalten (z. B. Essverhalten, Triebverhalten)

- Eigenschaften (z. B. Gutmütigkeit, Sanftheit, Ungeduld)

- seelische Zustände, Karma

- Schattenseiten

- lichtvollen Seiten und positive Eigenschaften

Konfliktreiche Spiegel fordern uns auf, etwas zu ändern oder zu erkennen, beispielsweise, sich die seelischen Hintergründe seiner Krankheiten anzusehen, denn jede seelische Verletzung, die nicht gänzlich verarbeitet wurde, kann sich (wie bereits erwähnt) auf der körperlichen Ebene manifestieren.

Wenn man weiß, was das eigene Tier übernommen hat, kann man an sich selbst arbeiten und somit dem Tier ermöglichen, in die Heilung zu gehen. Wenn es sich bei Verhaltensproblemen oder anderen Themen um Spiegel handelt, dann ist es meist wenig sinnvoll, nur mit dem Tier energetisch zu arbeiten. Vielmehr sind die Einsicht und Änderungsbereitschaft der Tierbesitzer/Tierbesitzerinnen von entscheidender Bedeutung.

In der Tätigkeit als Tierenergetiker/Tierenergetikerin und Tierkommunikator/Tierkommunikatorin ist man sehr häufig mit

Problemen und Krankheiten von Tieren konfrontiert, die sehr den Problemen und Krankheiten der Tierbesitzer ähneln. Es ist oft verblüffend, welche Ähnlichkeiten man findet. Meist handelt es sich dabei um Themen, die die Tiere den Menschen abgenommen haben. Es ist allerdings wichtig, nicht alles in der Mensch-Tier-Beziehung auf das Spiegelgesetz zu reduzieren. Nicht jedes Verhalten des Tieres ist automatisch ein Spiegel.

Ereignisse, Lebensumstände und Personen zeigen ganz deutlich, welche Bereiche in uns der Heilung bedürfen, auch wenn uns das „bewusst" nicht zugänglich ist. Wichtig ist, dass Tierbesitzer/ Tierbesitzerinnen lernen, Verantwortung auf jeder Ebene zu übernehmen.

Nicht das Tier ist verantwortlich für gewisse Probleme, die Menschen mit ihm haben, sondern die Menschen sollten hinter-fragen, was hinter dem Problem steht. Meist gibt es etwas, das man verstehen sollte. Meist wird der Spiegel allerdings nicht als Spiegel erkannt: Man geht mit dem Hund zum Verhaltenstraining, oder lässt das Pferd „korrigieren", die Katze bekommt Bachblüten, doch man zieht nicht den Schluss, dass man selbst in gewisser Weise die Ursache für die Probleme ist. Es ist aller-dings wichtig, bei der Anwendung des Spiegelgesetzes nicht ins andere Extrem zu verfallen: Der Tierbesitzer ist nicht „schuld" an Problemen, es geht einfach nur darum, Verantwortung für die Themen zu übernehmen, die man selbst verursacht. Manchmal entwickeln Menschen starke Schuldgefühle, wenn sie erkennen, was ihnen ihre Tiere abnehmen und wie oft sie sich als Spiegel zur Verfügung stellen und dabei oft großes Leid auf sich nehmen. Es ist wichtig, die Tierbesitzer in ihrem Erkenntnisprozess zu unterstützen und ihnen zu helfen, einen Weg zu finden, die Spiegelwirkung anzunehmen, ohne sich selbst mit Schuldgefühlen zu überladen.

Mittels Tierkommunikation kann man nachfragen, ob ein bestimmter Aspekt ein Spiegel ist oder nicht. Alternativ kann man das eigene Höhere Selbst oder den Geistführer dazu befragen.

SPIEGEL IN DER AURA

Wie beschrieben, bilden sich zwischen Tieren und ihren Menschen Chakrenverbindungen, über die Blockaden zwischen den einzelnen Auraschichten ausgetauscht werden. Sie „wandern" meist vom Besitzer zum Tier.

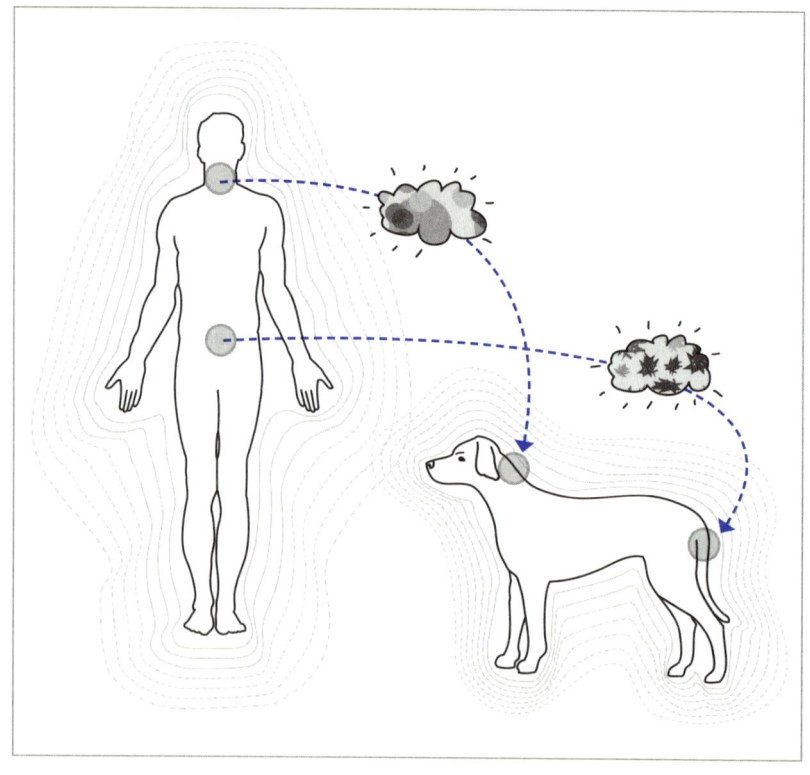

Abbildung 15

Typische Übernahmen bzw. Spiegelungen in den einzelnen Auraschichten können folgende sein:

1. **Ätherkörper:** Schwäche, Krankheiten, Schmerzen, Verletzungen.

Beispiel

Ein Katzenbesitzer hat aufgrund einer schwierigen Beziehungskonstellation eine energetische Schwäche im Bereich der Nieren. Seine Tiere arbeiten immer wieder daran und haben nach einigen Jahren, in denen die komplizierte Beziehung weiter besteht, selbst Probleme mit den Nieren, weil sie die Blockaden irgendwann nicht mehr schnell genug transformieren können. Nachdem der Tierbesitzer diesen Zusammenhang in einer energetischen Sitzung erkennt, setzt er klare Grenzen, die schließlich zu einer Trennung führen. Die Katzen werden fast augenblicklich gesund.

Es ist gut erkennbar, welche körperlichen Themen die Menschen im Ätherkörper mit sich herumtragen, wenn sie immer wieder Tiere mit denselben körperlichen Problemen haben.

2. **Emotionalkörper:** Tiere werden oft als emotionale „Mistkübel" verwendet. Das ist zwar ein sehr harter Ausdruck, beschreibt aber sehr gut, was manche Menschen in emotionaler Hinsicht mit ihren Tieren machen.

3. **Mentalkörper:** Tiere können negative Lebenseinstellungen und hindernde Glaubenssätze übernehmen. Auch Informationen, die Menschen aufnehmen, belasten Tiere womöglich, wenn sie sich nicht genügend dagegen abgrenzen können (z. B. Fernsehen, Radio, Zeitung, Telefonate).

4. **Astralkörper:** Hier lehren die Tiere ihre Menschen, bedingungslose Liebe geben und annehmen zu können. Tiere sind absolut ehrlich und zeigen ihre Gefühle. Tierbesitzer/Tierbesitzerinnen können darauf vertrauen, dass das Tier ehrlich zeigt, was es von einem hält. Damit fällt es vielen Menschen leichter, von Tieren Liebe anzunehmen als von Menschen und auch Gefühle Tieren gegenüber zu zeigen.

5. **seelische Auraschichten** (seelischer Ätherkörper, Emotionalkörper und Mentalkörper): Hier spiegeln Tiere ihren Menschen sehr tief greifende Themen. Es ist z. B. kein Zufall, dass sich Menschen bestimmte Tiere aus suchen und umgekehrt. Oft haben Menschen und Tiere auf Seelenebene einen gemeinsamen Plan geschmiedet, wie die Beziehung zwischen dem Menschen und seinem Tier in diesem Leben gelebt werden kann und was die beiden miteinander vorhaben. Das Ziel auf Seelenebene ist es, Erkenntnisse zu gewinnen. In den drei spirituellen Auraschichten zeigen sich auch gemeinsame karmische Erinnerungen (z. B. Todeserfahrungen im Krieg).

ENERGETISCHE BEZIEHUNGSARBEIT MIT TIEREN UND MENSCHEN

Neben dem Cutting von negativen Chakrenverbindungen ist die Anwendung des Spiegelgesetzes ein sehr wichtiger Weg, herauszufinden, warum es Probleme in einer Mensch-Tier-Beziehung gibt.

Will man z. B. die Beziehung eines Hundes zu seiner Besitzerin klären, weil man herausgefunden hat, dass der Hund Probleme seiner Besitzerin übernommen hat, kann man folgendermaßen vorgehen:

1. Cutting der Chakrenverbindungen, über die ein Energieverlust stattfindet

2. Anwendung des Spiegelgesetzes: Was möchte der Hund seiner Besitzerin spiegeln und umgekehrt. Was sollen die beiden lernen?

3. Versuchen, im Gespräch mit der Besitzerin zu klären, inwieweit sie bereit ist, an ihrem eigenen Thema zu arbeiten. Wenn sie dazu bereit ist, im „Dreiergespräch" mit Besitzerin und Hund (Tierkommunikation) abklären, wie man weiter vorgehen könnte.

4. Wenn die Besitzerin nicht bereit ist, sich ihren eigenen Themen zu stellen, oder sie aus diversen Gründen eine Mitarbeit verweigert, ist es wichtig, dem Hund Schutztechniken zu zeigen und an ihm anzuwenden (z. B. die goldene Kugel).

Hinweis: Wenn die Ursache der energetischen Blockade eines Tieres bei den Menschen liegt, ist es meist notwendig, dass diese in irgendeiner Weise an ihrem Problem „arbeiten". Es ist daher sinnvoll, sie an Experten/Expertinnen weiter zu verweisen, die die Tierbesitzer/Tierbesitzerinnen in ihren Prozessen begleiten.

MEDITATION: BEZIEHUNGSKLÄRUNG MIT EINEM TIER

Die folgende Meditation dient dazu, energetische Verstrickungen mit dem eigenen Tier wahrzunehmen und in weiterer Folge zu lösen. Dabei werden vor allem die körperliche, die emotionale und die mentale Ebene betrachtet. Diese Meditation hilft, zu erkennen, welche Themen einem das Tier abgenommen hat. Sie kann problemlos alle paar Wochen durchgeführt werden. Es sollte allerdings ein Abstand von mindestens 3 Wochen zwischen zwei Durchgängen eingehalten werden, damit die Heilungsprozesse ungestört in den Energiesystemen von Mensch und Tier nach-wirken können.

Mache es dir bequem, schließe deine Augen und atme einige Male tief ins Becken. Erlaube deinem Körper und deinem Geist, zur Ruhe zu kommen. Spüre, wie du mit jedem Atemzug mehr in deine Mitte und in deine Kraft gelangst.

Begib dich geistig an einen Ort, an dem sich dein Tier und du wohlfühlen. Vielleicht auf eine große Wiese oder eine Waldlichtung, ans Meer oder an einen Bergsee. Lasse die Umgebung auf dich wirken, nimm sie mit allen Sinnen wahr und genieße sie.

Bitte nun ein Tier, zu dem du deine Beziehung klären und von allen energieraubenden Verstrickungen befreien möchtest, geistig zu dir zu kommen. Es kann natürlich auch ein Mensch sein.

Wenn du möchtest, bitte nun deine Schutzengel und die Schutzengel des Tieres, sich an eure Seite zu stellen. Bitte die Engel, dass sie euch bei der folgenden Übung unterstützen und begleiten.

Erkläre deinem Tier, dass du das Gefühl hast, dass es in eurer Beziehung Aspekte gibt, die mindestens einem von euch Energie rauben. Sage deinem Tier, dass du gerne deine Beziehung zu ihm klären möchtest und bitte es, dich dabei zu unterstützen.

Beobachte dein Tier. Ist es bereit, mit dir in dieser Form an eurer Beziehung zu arbeiten? Vielleicht spürst du die Bereitschaft deines Tieres oder weißt es einfach.

Falls dein Tier noch nicht dazu bereit ist, frage es, was es bräuchte, um sich darauf einzulassen, mit dir an eurer Beziehung zu arbeiten. Stelle ihm alles geistig zur Verfügung, was es benötigt.

Du bemerkst nun, dass ein Farbkübel mit goldener Farbe und einem dicken Pinsel neben dir steht. Dieser Kübel enthält Zauberfarbe, die auf jedem Untergrund hält. Nimm den Pinsel in die Hand und male eine große, goldene Acht auf den Boden, in deren beiden Schleifen du und dein Tier bequem Platz nehmen können.

Stelle den Kübel wieder zurück, begib dich in die eine Achterschleife und lade dein Tier dazu ein, seinerseits die zweite Schleife zu betreten.

Konzentriere dich jetzt auf alle Verbindungen, die zwischen dir und deinem Tier auf körperlicher Ebene existieren, die für einen von euch energieraubend sind. Vielleicht spürst du etwas in deinem eigenen Körper oder du siehst eine Verbindungslinie oder eine Schnur zwischen dir und deinem Tier, die von einem bestimmten Körperteil ausgeht. Vielleicht weißt du es auch einfach. Lass dir Zeit und nimm wahr, ob es irgendetwas gibt, was einen von euch energetisch schwächt.

Wenn du etwas wahrgenommen hast, trenne diese Verbindung bewusst. Du kannst dir vorstellen, dass du sie mit einer goldenen Schere durchtrennst, oder du kannst eure Schutzengel, ein Krafttier oder Erzengel Michael bitten, sie zu durchtrennen. Sage deinem Tier, dass du die Verantwortung für deine eigenen Themen übernehmen möchtest und auch deinem Tier die Verantwortung für seine eigenen Themen zurückgibst. Frage dein Tier, ob es dir einen Tipp geben kann, was du selbst tun kannst, um diese Themen zu lösen. Nimm dir Zeit, bis alle energieraubenden Verbindungen auf körperlicher Ebene getrennt sind. Konzentriere dich jetzt auf alle Verbindungen, die zwischen dir und deinem Tier auf emotionaler Ebene vorhanden sind, die für einen von euch energieraubend sind.

Vielleicht nimmst du plötzlich ein Gefühl wahr, erinnerst dich an eine emotionale Situation oder du siehst eine Verbindungslinie oder eine Schnur zwischen dir und deinem Tier, die dir energieraubend erscheint. Vielleicht weißt du es auch einfach. Lass dir Zeit und nimm wahr, ob es irgendetwas gibt, was einen von euch energetisch schwächt.

Wenn du etwas wahrgenommen hast, trenne diese Verbindung bewusst. Du kannst dir vorstellen, dass du sie mit einer goldenen Schere durchtrennst, oder du kannst eure Schutzengel, ein Krafttier oder Erzengel Michael bitten, sie zu durchtrennen. Sage deinem Tier, dass du die Verantwortung für deine eigenen Themen übernehmen möchtest und auch deinem Tier die Verantwortung für seine eigenen Themen zurückgibst. Frage dein Tier, ob es dir einen Tipp geben kann, was du selbst tun kannst, um diese Themen zu lösen.

Nimm dir Zeit, bis alle energieraubenden Verbindungen auf emotionaler Ebene getrennt sind.

Konzentriere dich jetzt auf alle Verbindungen, die zwischen dir und deinem Tier auf mentaler oder gedanklicher Ebene bestehen, die für einen von euch energieraubend sind. Vielleicht erinnerst du dich plötzlich an eine Überzeugung, die dir Energie raubt. Oder dir fällt ein hemmender Glaubenssatz ein. Oder du siehst eine Verbindungslinie oder eine Schnur zwischen dir und deinem Tier, die dir energieraubend erscheint. Vielleicht weißt du es auch einfach. Lass dir Zeit und nimm wahr, ob es irgendetwas gibt, was einen von euch energetisch schwächt.

Wenn du etwas wahrgenommen hast, trenne diese Verbindung bewusst. Du kannst dir vorstellen, dass du sie mit einer goldenen

Schere durchtrennst, oder du kannst eure Schutzengel, ein Krafttier oder Erzengel Michael bitten, sie zu durchtrennen. Sage deinem Tier, dass du die Verantwortung für deine eigenen Themen übernehmen möchtest und auch deinem Tier die Verantwortung für seine eigenen Themen zurückgibst. Frage dein Tier, ob es dir einen Tipp geben kann, was du selbst tun kannst, um diese Themen zu lösen.

Nimm dir Zeit, bis alle energieraubenden Verbindungen auf mentaler Ebene getrennt sind.

Visualisiere nun ein violettes Feuer am Schnittpunkt der beiden Achterschleifen, zwischen dir und deinem Tier. Lasst alles, was euch nun noch in Bezug auf eure Beziehung belastet, in diese violette Flamme fließen. Es fließt wie von selbst hinein, um dort liebevoll transformiert (also in etwas Positives verwandelt) zu werden.

Visualisiere dann eine goldene Kugel rund um dein Tier und eine goldene Kugel rund um dich.

Bedanke dich bei deinem Tier. Überreiche ihm dann symbolisch ein wunderschönes Geschenk, über das es sich sehr freut. Ein Geschenk, das ihm zeigt, wie sehr du es liebst. Vielleicht schenkt dein Tier dir auch etwas oder zeigt dir in anderer Form, wie lieb es dich hat.

Bedanke dich nun bei euren Schutzengeln, die euch immer begleitet haben und auch weiterhin begleiten werden. Löse die goldene Achterschleife langsam auf, bis nichts mehr davon übrig bleibt. Verabschiede dich dann von deinem Tier. Komme nun langsam mit deiner Aufmerksamkeit wieder in deinen Körper zurück.

Spüre deine Arme und Beine, bewege sie langsam, nimm den Raum um dich herum wahr und öffne dann in deiner Zeit wieder die Augen.

Auch nach dieser inneren Reise ist es möglich, dass sich das Tier anders verhält, vielleicht müde oder besonders energiegeladen wirkt. Auch man selbst spürt möglicherweise Prozesse, die in Gang gesetzt wurden. Es empfiehlt sich, nach der Meditation noch einige Zeit ruhig liegen oder sitzen zu bleiben und das Wahrgenommene nachwirken zu lassen, bevor man sich wieder dem Alltag zuwendet.

🕉 MEDITATION: SPIEGELGESETZ

Bei dieser Reise unterstützt einen Erzengel Gabriel dabei, Spiegelbilder im Außen zu identifizieren und zu erkennen, um welche Aspekte von einem selbst es geht. Das Hauptaugenmerk liegt dabei auf Eigenschaften, die von einem Tier aufgezeigt werden.

Nimm ein paar tiefe Atemzüge und spüre, wie du dich immer mehr entspannst. Lasse mit deinem Atem alle Gedanken, belastenden Emotionen und Verspannungen ziehen. Spüre, wie du mit jedem Atemzug mehr in deine Mitte und in deine Kraft gelangst.

Sieh dich jetzt an einem wunderschönen Bergsee stehen. Du atmest die klare, frische Luft tief in deine Lunge und genießt die Stille, die von den Geräuschen der Natur und der Tiere belebt wird. Du siehst einen Spazierweg, der am Ufer des Sees entlangführt. Geh diesen Weg entlang. Der weiche Boden federt unter deinen Schritten und du spürst, wie du immer mehr eins mit der Natur wirst.

An einer Weggabelung bemerkst du eine Gestalt, die auf dich zukommt. Es geht eine ganz besondere Energie von ihr aus:

kraftvoll und gleichzeitig sanft. Als sie immer näher kommt, bemerkst du auch den weiß-goldenen Lichtschein, den sie auszustrahlen scheint. Je näher sie kommt, desto mehr wächst die Freude auf eine Begegnung in dir. Schließlich erkennst du die Gestalt. Es ist Erzengel Gabriel. Er kommt auf dich zu und ihr begrüßt einander.

Erzengel Gabriel lädt dich dazu ein, deinen Spaziergang mit ihm fortzusetzen. Wenn du möchtest, nimm ihn an der Hand und spüre die kraftvolle, schützende Energie, die von ihm ausgeht. Ihr geht den Weg immer weiter, entlang des Sees.

Schließlich gelangt ihr zum Eingang einer Höhle, aus der ein warmes, einladendes Leuchten dringt. Ihr betretet die Höhle und geht immer tiefer und tiefer hinein. Du fühlst dich dort sicher und völlig geborgen. Ihr kommt in einen gemütlichen Raum, der mit bequemen Kissen ausgelegt ist. Erzengel Gabriel lädt dich ein, dich dort niederzulassen.

Er lässt nun einen großen, flachen, klaren Kristall in die Höhle bringen, in dem du dein eigenes Spiegelbild sehen kannst. Betrachte dich. Wie sieht dein Spiegelbild aus?

Dein Spiegelbild beginnt sich nun langsam zu verändern. Erzengel Gabriel zeigt dir nun einen Aspekt von dir, der deinem Bewusstsein bisher verborgen war. Vielleicht überrascht dich das Bild, das Gabriel dir zeigt. Lasse es einfach auf dich wirken und sieh es dir in allen Details an, egal, ob der Aspekt dir positiv oder negativ erscheint.

Erzengel Gabriel zeigt dir nun Bild für Bild weitere Aspekte von dir, die dir bisher nicht bewusst waren. Vielleicht sind es Eigenschaften, Verhaltensweisen oder Handlungstendenzen. Lasse alle Bilder auf dich wirken. Nimm dir Zeit dazu.

Nun verblassen die Bilder langsam. Der Kristall verwandelt sich. Vielleicht ändert sich seine Farbe oder seine Form. Erzengel

Gabriel zeigt dir nun ein Bild eines Tieres, das Aspekte von dir spiegelt. Falls du kein eigenes Tier hast, erscheint wahrscheinlich ein Mensch.

Sieh dir an, welche sogenannten negativen Eigenschaften dein Tier hat. Was sticht dir an ihm ins Auge? Ist es Aggression, Ungehorsam, Ungeduld, Ängstlichkeit? Findest du dein Tier zu dick oder zu dünn, gefräßig oder wählerisch? Ist es in deinen Augen eifersüchtig, faul, überdreht, frech, gierig, grob, hässlich, lästig, klammernd, nachtragend, schüchtern, träge, unfolgsam oder zurückgezogen? Du kannst dir sicher sein, dass das alles Eigenschaften von dir selbst sind. Aspekte von dir, die du ablehnst, verdrängst, nicht wahrhaben willst. Jedes Mal, wenn du dich über ein Verhalten oder eine Eigenschaft deines Tieres ärgerst, bist du auf einen unbewussten Konflikt in dir selbst gestoßen.

Nimm alle Aspekte deines Spiegelbilds in Ruhe wahr. Vielleicht zeigt Erzengel Gabriel dir positive Eigenschaften von Menschen oder Tieren, in deren Gegenwart du dich wohlfühlst. Welche Eigenschaften magst du an deinem Tier? Meist fällt es viel leichter, die Stärken bei anderen zu erkennen, doch sie spiegeln dir nur deine eigenen guten Seiten. Genieße die Aspekte deiner positiven Spiegelbilder.

Erzengel Gabriel spricht nun zu dir: „Geliebtes Wesen! Ich zeige dir heute diese Bilder nicht, um dir deine negativen Eigenschaften vorzuhalten. Ganz im Gegenteil. Ich möchte dir hier und jetzt die Gelegenheit geben, aus dem Spiel, das die meisten Menschen ihr Leben lang spielen, auszusteigen. Tiere tun nichts, um euch Menschen zu ärgern. Sie sind große, liebevolle, weise Seelen, die in dieser Inkarnation die Aufgabe übernommen haben, dich auf bestimmte ungelöste Themen in dir aufmerksam zu machen.

Vielleicht fallen dir auch menschliche Spiegelbilder ein, die dich auf etwas aufmerksam machen möchten. Wenn dich ein Mensch im Außen nervt, der sich zum Beispiel ständig in den Vordergrund drängt, immer alle Aufmerksamkeit auf sich richten möchte, dann wisse, dass er dich nur deswegen nervt, weil du mit dieser Eigenschaft, die auch eine (wahrscheinlich verdrängte) Eigenschaft von dir ist, nicht im Reinen bist. Sobald du mit dir selbst in Bezug auf diese Eigenschaft Frieden geschlossen hast, nervt dich dieser Mensch auch nicht mehr. Ich lade dich nun dazu ein, die Verantwortung für diese Begegnungen zu übernehmen. Wisse, nur du selbst ziehst diese Menschen an. Es gibt etwas in dir, das sich immer wieder bestimmten Erfahrungen aussetzen möchte, bis du bewusst erkennst, worum es geht. Versuche, bewusst die Verantwortung für deine Spiegelbilder zu übernehmen. Das ist ein wichtiger Schritt zur Selbstbestimmtheit und Selbstverantwortung.

Und nun lade ich dich dazu ein, deinen menschlichen und tierischen Spiegelbildern dafür zu danken, dass sie dir diesen Dienst erwiesen haben. Dass sie zum Teil sehr ungeliebte Rollen spielen, um dir und ihnen selbst zu ermöglichen, Erkenntnisse zu gewinnen.

Bedanke dich bei ihnen für diesen Liebesdienst. Das fällt dir bei manchen vielleicht noch etwas schwer. Versuche dennoch, ein ‚Danke' über die Lippen zu bringen."

Erzengel Gabriel führt dich jetzt wieder aus der Höhle hinaus und ihr spaziert noch eine Zeit lang am See. Nimm dir bewusst noch etwas Zeit, die Geschehnisse in Ruhe zu verarbeiten.

Bedanke dich dann bei Erzengel Gabriel und komme langsam und bewusst wieder in deinen Körper zurück, spüre deine Arme und Beine, bewege sie langsam, nimm den Raum um dich herum wahr und öffne dann in deiner Zeit wieder die Augen.

HARMONISIERUNG DES ENERGIESYSTEMS DER TIERE

In dem Kapitel zum Chakren- und Aurasystem der Tiere ging es vorrangig darum, den Ist-Zustand des Energiesystems (Blockaden, Energiedefizite und harmonische Energie) wahrzunehmen. In diesem Kapitel werden die Techniken, mit denen man das Energiesystem darin unterstützen kann, sich dem Ideal-Zustand anzunähern, erläutert. Der Schwerpunkt liegt dabei auf den geistigen Harmonisierungstechniken, für die keine Hilfsmittel benötigt werden und die auch aus der Ferne möglich sind. Am Schluss des Kapitels wird darauf eingegangen, wie man die geistigen Techniken mit Hilfsmitteln wie energetischen Essenzen (Bachblüten, Buschblüten, Kristallessenzen), Kristallen und Ähnlichem kombinieren kann.

GEISTIGE ENERGIEARBEIT

In der geistigen Energiearbeit mit dem Aura- und Chakrensystem geht es grundsätzlich darum, Blockaden zu lösen und letztendlich den perfekten Zustand herzustellen.

Dazu ist in den meisten Fällen die Einhaltung folgender Schritte sinnvoll:

- Reinigung und Wahrnehmung des Energiesystems des Tieres

- Harmonisierung des Energiesystems

- Stabilisierung des Energiesystems

1. REINIGUNG UND WAHRNEHMUNG

Im Kapitel „Feinstoffliche Wahrnehmung" wurde der Licht-Wasserfall zur energetischen Reinigung verwendet, unter den man ein Tier geistig einladen kann. Während das Licht die Auraschichten und die Chakren des Tieres durchströmt, beginnt man, Blockaden und Disharmonien wahrzunehmen. Wenn man dabei noch nicht so viel Übung hat, erkennt man wahrscheinlich nur wenige Blockaden oder Themen, je detaillierter die Wahrnehmung allerdings wird, desto wichtiger ist es, sich währenddessen Notizen zu machen, um einen Überblick zu behalten.

Dazu kann das Erhebungsblatt am Ende dieses Kapitels verwendet werden.

Falls man den Eindruck hat, es ist eine intensivere Reinigung als der Licht-Wasserfall notwendig, dann ist es sinnvoll, geistig nachzufragen, was das Tier zusätzlich benötigt. Am besten fragt man dazu ein Lichtwesen, das Tier selbst (mithilfe der Tierkommunikation) oder den eigenen Geistführer.

Es kann sein, dass das Tier zusätzliche Unterstützung durch ein Lichtwesen oder ein Krafttier benötigt. Wie man mit diesen energetisch arbeitet, wird im Laufe dieses Kapitels erläutert.

Wenn die Reinigung abgeschlossen ist, sollten grobe Belastungen (z. B. Fremdenergien) entfernt sein. Man nimmt danach im Energiesystem des Tieres die Themen und Blockaden (die durch den Licht-Wasserfall nicht entfernt werden konnten) normalerweise weit deutlicher wahr als vor der Reinigung.

2. HARMONISIERUNG

Wenn sich in einem Chakra oder einer Auraschicht Blockaden zeigen, dann fragt man geistig (das Tier, ein Lichtwesen oder den Geistführer), was das Chakra oder die Auraschicht benötigt. Man nimmt sich Zeit, die Energien oder Zustände zu visualisieren, stellt sie also dem Tier geistig zur Verfügung und nimmt wahr, wie sich der Zustand des Chakras oder der Auraschicht dadurch verändert. Man fragt nun so lange, was das Chakra oder die Auraschicht noch benötigt bzw. welche Erkenntnisse wichtig sind, bis die energetische Harmonie so weit hergestellt ist, wie es im jeweiligen Moment möglich ist. Damit dieser Zustand nicht gleich wieder in die Disharmonie kippt, wird das Energiesystem anschließend stabilisiert. Dieses Kapitel behandelt im weiteren Verlauf unterschiedliche Formen der energetischen Harmonisierung.

3. STABILISIERUNG

Nach der Reinigung und Harmonisierung ist eine Stabilisierung der Energie wichtig. Geistig wird das mit der Farbe Gold bewerkstelligt: Man visualisiert eine goldene Kugel um das Chakra oder die Auraschicht, trägt eine goldene Salbe auf oder bringt einen goldenen Verband an.

Eine weitere Möglichkeit ist ein Schutz mittels Lichtwesen (Schutzengel, Erzengel Michael), die das Energiesystem des Tieres weiter betreuen.

In den folgenden Kapiteln werden weitere geistige Harmonisierungsmethoden detailliert vorgestellt:

- Arbeit mit dem Inneren Kind

- Yin/Yang-Harmonisierung

- geistige Körper-Energiearbeit

- Karmaarbeit

- energetische Traumaarbeit

Der Beginn (Reinigung) und der Abschluss (Stabilisierung) bleiben dabei immer gleich.

ANWENDUNG VON FARBEN

Es kommt häufig vor, dass ein Chakra nach der Reinigung eine bestimmte Farbe benötigt. Oft handelt es sich dabei um die Farbe, die das Chakra ohnehin normalerweise besitzt:

- **Wurzelchakra:** rot

- **Sakralchakra:** orange

- **Solarplexus:** gelb

- **Herzchakra:** grün und rosa

- **Halschakra:** hellblau

- **Stirnchakra:** indigoblau

- **Kronenchakra:** violett

Wenn ein Chakra energetisch unterversorgt ist, dann erscheint es meist blass. Das Wurzelchakra z. B. blass-rot, das Sakralchakra blass-orange usw. Das geistige Zuführen der jeweiligen Farbe gibt dem Chakra seine ursprüngliche Funktion und Energie zurück.

Es reicht, die Farbe eine Zeit lang zu visualisieren, beispielsweise als ob ein Lichtstrahl aus einer Taschenlampe in der jeweiligen Farbe auf das Chakra strahlt. Man kann sich auch vorstellen, dass ein Engel oder ein anderes Lichtwesen das Chakra (oder die Auraschicht) mit der Farbe bestrahlt.

Die unterschiedlichen Farben haben folgende Wirkung:

GELB
Grundthemen: Intellektualität, Freude, Weisheit

ORANGE
Grundthemen: Lebensfreude, Spaß, Geselligkeit, Neugierde, Entspannung

ROT
Grundthemen: Stärke, Gesundheit, Vitalität, Energiezufuhr, Wärme, Stimulation

BRAUN
Grundthemen: Erdung, Durchhaltevermögen, Geduld

Die Farbe Braun gibt den Zellen energetisch ihren ursprünglichen Zustand zurück. Sie ist besonders wirksam bei der Verarbeitung von traumatischen Erlebnissen, da sie erdend und beruhigend wirkt.

GRÜN

Grundthemen: Ruhe, Harmonie, Hoffnung, Friede

Grün hilft einem Tier, sich zu entspannen, besser einzuschlafen, und ist **DIE** Farbe der Heilung.

BLAU

Grundthemen: Ruhe, Entspannung

Blau wirkt entzündungshemmend und kühlend. Wenn sich in einem Chakra oder in der Aura zu viel Rot befindet, wirkt blau beruhigend und ausgleichend.

VIOLETT

Grundthemen: Transformation, Vergebung,
Harmonie von Yin und Yang

INDIGOBLAU

Grundthemen: Schmerzlinderung, seelische Kraft

TÜRKIS

Grundthemen: Sicherheit, Selbstbewusstsein, Abgrenzung

MAGENTA

Grundthemen: Gefühlsdämpfung, Harmonisierung

WEISS

Grundthemen: Reinigung, Klarheit

ROSA

Grundthemen: bedingungslose Liebe, Freiheit

ENERGIEARBEIT MIT KRAFTTIEREN

Gerade in der Energiearbeit mit Tieren ist die Unterstützung durch Krafttiere bei der energetischen Harmonisierung sehr hilfreich.

Bei einem Krafttier oder Totemtier handelt es sich nicht um die Persönlichkeit und die Eigenschaften eines speziellen Tieres, sondern um den Archetyp des Tieres, also das, was alle Individuen einer Tierart verbindet.

Das Krafttier Tiger zeichnet sich beispielsweise durch einen bestimmten Lebensraum, eine charakteristische Zeichnung, ihr Jagdverhalten und Ähnliches aus.

Verbindet man sich mit seinem Totemtier, kann man seine charakteristische Energie spüren und sie sich im Alltag oder für Energiearbeit zunutze machen.

Man kann sein Krafttier finden, indem man sich fragt, durch welches Tier man in seinem Leben geistig und emotional schon sehr lange begleitet wird. Oft fand man in der Kindheit eine ganz spezielle Tierart faszinierend. Auch Lieblings-Stofftiere aus der Kindheit können ein Hinweis darauf sein, dass es sich dabei um Krafttiere handelt. Man kann sein Totemtier auch durch eine Reise finden, bei der man es darum bittet, sich einem zu zeigen.

Ein Krafttier ist immer freundlich, nie bedrohlich! Es möchte unterstützen, führen, lehren, schützen, niemals schaden oder Angst machen.

DIE WICHTIGSTEN KRAFTTIERE UND IHRE THEMEN

TIER	THEMA
Aal	Wachsamkeit, Schutz
Adler	Macht, Herrschaft, Weisheit, Klarheit, Überblick, Stärkung der Hellsinne
Affe	Beweglichkeit, Spaß, Lebensfreude
Ameise	Fleiß, Teamwork, Organisationstalent
Amsel	Träume, Anderswelt
Bär	Mut, Kraft, Schutz, Ruhe, Selbstbewusstsein
Biber	Planung und Umsetzung von Projekten, Fleiß, Produktivität, Freundschaft
Biene	Gemeinschaft, Fleiß, Organisation
Büffel/Bison	Beharrlichkeit, Eigensinn, Schutz
Bulle	Fülle, Geborgenheit, Potenz
Bussard	Schutz, Wachsamkeit
Chamäleon	Anpassung, Wandlung
Dachs	Harmonie, Heilung, Intuition
Delfin	Entwicklung der Hellsinne, Telepathie, Lebensfreude, Kommunikation
Drache	Yang-Energie, Transformation, Magie, sanfte Kraft, mütterliche Energie
Eichhörnchen	Lebensfreude, Kommunikation, Vorsorge, Vorsicht
Eidechse	Transformation, Regeneration

Einhorn	bedingungslose Liebe, Annahme von Allem-was-Ist, Magie, Unschuld
Elefant	Geduld, Erleuchtung, Stabilität
Ente	Vertrauen, Liebe, Harmonie
Esel	Individualität,Eigenwilligkeit, Durchsetzungsvermögen, Sturheit
Eule	Weisheit, Visionen, Einsicht, spirituelle Entwicklung, Magie
Falke	Schnelligkeit, Dynamik, Entscheidungen
Fasan	Fruchtbarkeit, Fülle
Fisch	Intuition
Fledermaus	Orientierung, Schattenarbeit
Fliege	Reinigung, Klärung
Flöhe	Fremdenergien, Abgrenzung
Forelle	Weisheit, Intuition
Frosch	Heilung, Reife, Fruchtbarkeit
Fuchs	List, Manipulation, Schlauheit, Anpassungsfähigkeit
Gans	Treue, Loyalität
Geier	Schutz, Reinigung
Giraffe	Friede, Klugheit, Telepathie, Entwicklung der Hellsinne
Glühwürmchen	Licht in der Dunkelheit, Optimismus, Verbindung zu Naturwesen

Goldfisch	Reichtum, Fülle, Geborgenheit
Grille	Meditation, Erholung
Hahn	Fruchtbarkeit, Kampf
Hai	Instinkt, Urängste, Unterbewusstsein
Hamster	Sanftmut, Inneres Kind, Öffnung des Herzchakras
Hase/Kaninchen	Fruchtbarkeit, bedingungslose Liebe, Freude an Sexualität
Hirsch	spirituelle Weiterentwicklung, Fruchtbarkeit, Transformation
Huhn	Fruchtbarkeit, Lebenskraft
Hund	bedingungslose Liebe, Spürnase, Freundschaft, Loyalität
Igel	Rückzug, Abgrenzung, Schutz
Jaguar	Magie, Einweihung, Führungsqualitäten
Kamel/Dromedar	Ausdauer, Geduld, Durchhaltevermögen,
Känguru	Fülle, Mutterliebe
Katze	Freiheit, Weisheit, Intuition
Klapperschlange	Wachsamkeit, Schattenarbeit
Krähe	Vorsicht, Wachsamkeit, Dunkelheit
Krebs	Gefühle, Weiblichkeit
Krokodil	Transformation, Heilung, Karmaarbeit

Kröte	Fruchtbarkeit, Fülle, Weiblichkeit, Magie
Kuh	Mütterlichkeit, Fruchtbarkeit, Verarbeitung von Eindrücken
Lachs	Heilung, Transformation, Reinkarnation
Libelle	spirituelle Entwicklung, Transformation
Löwc	Selbstvertrauen, Vitalität, Würde
Marder	Beweglichkeit, Geschicklichkeit
Maultier	Kraft, Ausdauer, Geduld
Maulwurf	Erfolg, Fülle, Erdung, inneres Sehen
Maus	Reinigung, Findigkeit, Schutz
Motte	Weg der Seele ins Licht, verstorbene Seelen
Möwe	Geselligkeit, Kommunikation
Murmeltier	Geselligkeit, Transformation
Nashorn	Weisheit, Schutz
Nilpferd	Fruchtbarkeit, Mutterschaft
Otter	Lebensfreude, Verspieltheit, Inneres Kind
Panther/ Leopard	Vollendung, Leidenschaft, Hingabe
Papagei	Fruchtbarkeit, Kommunikation, Partnerschaft
Pegasus	Inspiration, Magie, Freiheit
Pfau	Schönheit, Pracht
Pferd	Freiheit, Beginn, neue Lebensphase, Fruchtbarkeit, Beweglichkeit
Phönix	Erneuerung, Auferstehung, Transformation

Pinguin	Rollenverteilung, Partnerschaft, Kreativität
Rabe	Magie, Weissagung, Weisheit
Ratte	Intelligenz, Anpassungsfähigkeit
Regenwurm	Regeneration, Heilung
Reh	Sanftmut, Selbstverwirklichung
Robbe/Seelöwe	Vertrauen, Liebe, Sehnsucht
Salamander	Transformation, Vergebung
Schaf	Unschuld, Sanftheit, Meditation
Schildkröte	Friede, Rückzug, Schutz, Geduld
Schlange	Kundalini-Energie, Weiblichkeit, Magie, Heilung
Schmetterling	Metamorphose, Leichtigkeit, Inneres Kind, Freiheit
Schnecke	Geduld, Schutz, Häuslichkeit
Schwalbe	Trost, Hoffnung
Schwan	Schönheit, Ästhetik, Liebe
Schwein	Fülle, Erfolg, Glück
Spinne	Bestimmung, Träume, Visionen, Weiblichkeit, Magie
Steinbock	Wille, Stabilität, Sturheit
Stier	Potenz, Männlichkeit
Stinktier	Abgrenzung, Verteidigung
Storch	Segen, Fruchtbarkeit
Taube	Friede, Optimismus, Hoffnung

Tiger	Enthusiasmus, Manifestation
Truthahn	Fruchtbarkeit, Ohnmacht
Wal	Spirituelle Entwicklung, Weisheit, Telepathie
Widder	Willenskraft, Durchsetzungsvermögen
Wolf	Familie, Rudel, Instinkte, Intuition
Zecke	Energieverlust, Abgrenzung
Ziege	Fruchtbarkeit, Vitalität, Lebensfreude

EINSATZ VON KRAFTTIEREN IN DER GEISTIGEN ENERGIEARBEIT

Krafttiere können uns in der Energiearbeit mit Tieren wichtige Dienste erweisen. Sie reinigen und harmonisieren Chakren, Auraschichten und Organe, beschützen das Tier und helfen ihm beim Abgrenzen. Ein Krafttier kann als Geistführer wirken und einem während der Energiearbeit mit einem Tier mit Ratschlägen und Tipps zur Seite stehen.

Falls man sich nicht sicher ist, ob ein auftauchendes Tier wirklich ein unterstützendes Krafttier ist (weil es bedrohlich wirkt), kann man es, bevor man mit ihm zu arbeiten beginnt, unter den Licht-Wasserfall oder in einen Lichtkanal stellen. Hat es gute Absichten, freut es sich über das Licht. Ansonsten verändert es sich oder verschwindet sogar.

Wichtig ist es, sich vom Krafttier führen zu lassen und ihm zu vertrauen. Dann kann es einen in ganz neue energetische Techniken einführen und große Heilung bewirken.

Krafttiere können nach einer energetischen Arbeit bei dem Tier bleiben und den Heilungsprozess überwachen. Hat man also z. B. eine Wunde energetisch versorgt, bleibt das Krafttier beim verletzten Tier, wechselt den feinstofflichen „Verband", erneuert die feinstoffliche „Salbe", reinigt die Wunde und macht einen darauf aufmerksam, wenn das Tier wieder Unterstützung braucht. Krafttiere sind gerne bereit, diese „Pflegerrolle" zu übernehmen!

Wann man ein Krafttier, einen Engel, das eigene Höhere Selbst oder seinen Geistführer zu Rate zieht, bleibt jedem selbst überlassen. Meist melden sich die Wesen, die für die jeweilige Arbeit und für das jeweilige Tier im jeweiligen Moment stimmig sind. Es ist eine gute Übung, von Zeit zu Zeit mit feinstofflichen Wesen zusammenzuarbeiten, mit denen man bisher noch wenig Erfahrungen gesammelt hat, um den Unterschied zu kennen und in jeder Situation den passenden Helfer an der Seite zu haben, je nachdem, was das jeweilige Tier an Unterstützung benötigt.

MEDITATION: BEGEGNUNG MIT EINEM KRAFTTIER

Bei dieser Reise lernt man sein eigenes Krafttier und das des Tieres kennen, für das man die Meditation durchführt. Das Krafttier harmonisiert energetisch den Körper des Tieres und kümmert sich dann besonders um einen Körperteil, der disharmonisch, verletzt oder krank ist. Die Reise führt ins Innere des Körpers des Tieres, wo das Krafttier Heilungsenergie verströmt und Selbstheilungsprozesse anstößt.

Schließe deine Augen und nimm ein paar tiefe Atemzüge. Komme ganz in deiner Mitte an.

Dein Unterbauch dehnt sich beim Einatmen aus und die Luft dringt bis in alle Winkel deiner Lunge. Stelle dir vor, dass du beim Einatmen kleine Wölkchen aus goldenem Licht in dich aufnimmst. Die Wölkchen sind Zauberwölkchen, sie sind mit den Emotionen und Zuständen gefüllt, die du im Moment gerade brauchst. Du brauchst nur zu bestimmen, was die Zauberwölkchen enthalten sollen. Beispielsweise: Ruhe, Friede, Geborgenheit, Liebe, Intuition, Vertrauen.

Bei jedem Einatmen saugst du die Energiewölkchen in dich ein und die goldene Energie verteilt sich in deinem ganzen Körper, in deiner Aura und deinen Chakren und wird von jeder Zelle aufgenommen.

Stelle dir nun vor, du befindest dich auf einer wunderbaren, grünen Frühlingswiese. Die Sonne scheint auf dich herab, in der Nähe plätschert ein Bach. Die Vögel zwitschern. Du fühlst dich hier absolut wohl.

Lade nun ein Tier zu dir auf diese Frühlingswiese ein. Vielleicht ist es dein eigenes Tier oder ein Tier, das du kennst und von dem du weißt, dass es ihm zur Zeit nicht besonders gut geht. Sieh das Tier aus der Ferne auf dich zukommen. Es kommt immer näher und begrüßt dich schließlich freudig. Sage ihm, dass du gerne mit ihm auf eine Reise gehen möchtest, bei der es energetisch auftanken kann.

Am Rande der Wiese befindet sich ein Wald und ihr geht auf ihn zu. Du bemerkst einen Weg, der in den Wald hineinführt. Als ihr den Wald betretet, fühlst du, dass euch die Bäume und die Tiere des Waldes und alle Wesen des Waldes willkommen heißen und sich freuen, dass ihr da seid. Die Sonne schimmert durch die Baumkronen und sorgt dafür, dass ihr genügend

Licht habt. Ihr geht immer tiefer in den Wald, der Weg führt bergauf, sanft einen Berghang hinauf. Schließlich endet der Weg an einer Felswand. Du bemerkst den Eingang in eine Höhle, aus der ein wunderschönes, goldenes Leuchten dringt, das dich wie magisch anzieht. Du betrittst die Höhle, die mit dem goldenen Leuchten völlig erfüllt ist. Dein Tier begleitet dich. Du fühlst dich vollkommen sicher und behütet und weißt, dass ihr in dieser Höhle absolut willkommen seid.

In der Mitte der Höhle befindet sich ein Sitzplatz für dich, der sehr einladend aussieht, und ein gemütlicher Platz für dein Tier. Du setzt dich auf diesen Platz und schließt deine geistigen Augen. Das Tier lässt sich neben dir nieder. Auf einmal spürst du eine liebevolle, lichtvolle, angenehme Energie. Du weißt, dass dein Krafttier, das dich liebt, dich unterstützen und führen möchte, die Höhle betreten hat. Wenn du bereit bist, öffnest du die Augen und nimmst dein Krafttier wahr. Vielleicht siehst du es vor dir, oder du hörst es, fühlst es oder riechst es. Lass dir Zeit – und wenn du es noch nicht klar wahrnehmen kannst, bitte dein Krafttier, sich dir noch klarer und deutlicher zu zeigen. Auch das Krafttier deines Tieres hat die Höhle betreten. Nimm es wahr.

Du kannst dein Krafttier jetzt bitten, seine reine, lichtvolle Heilungsenergie auf eine Körperstelle zu lenken, die sich im Moment nicht ganz harmonisch anfühlt. Lasse die Energie einige Zeit wirken und spüre die wohltuende Veränderung in deinem Körper.

Jetzt ist dein Tier an der Reihe. Es kann nun ebenfalls sein Krafttier darum bitten, Heilungsenergie auf eine Körperstelle zu lenken, die sie benötigt. Auch dein Tier lässt die Energie einige Zeit wirken. Beobachte dein Tier und sein Krafttier bei diesem Prozess. Was nimmst du wahr? Bedankt euch bei euren Kraft-

tieren. Eure Krafttiere führen euch jetzt weiter in die Höhle hinein. Dort befindet sich ein Gang mit mehreren Abzweigungen.
Die Tiere führen euch sicher den Gang entlang. Folgt ihnen
vertrauensvoll. Auf einmal weißt du, dass ihr einen Weg
entlanggeht, der euch direkt in das Innere des Körpers deines
Tieres führen wird; direkt an eine Stelle, die energetisch unterversorgt, disharmonisch oder krank ist.

Schließlich gelangt ihr zu einer goldenen Türe. Sie schwingt auf
und ihr betretet den Raum dahinter. Sieh dich in Ruhe um und
versuche, zu erkennen, in welchem Körperteil des Tieres ihr
gelandet seid.

Das Krafttier deines Tieres beginnt nun, den Körperteil zu
harmonisieren. Es reinigt den Raum, entfernt alle Schlacken,
alle Verschmutzungen, alle Verklebungen, allen Staub, alles
Schwarze, Dunkle, alles, was nicht harmonisch aussieht.
Dann beginnt das Krafttier deines Tieres, seine Heilenergie zu
verströmen. Vielleicht gibt es auch heilende Töne von sich oder
berührt Teile des Raumes in liebevoller Weise. Beobachte, wie
alles um dich herum immer harmonischer und friedlicher wird,
und genieße es.

Vielleicht bemerkst du die eine oder andere Veränderung in
deiner Umgebung, möglicherweise eine höhere Schwingung
oder andere Farben. Sieh dich um. Falls du eine Stelle erkennst,
die noch nicht harmonisch wirkt, bitte das Krafttier deines
Tieres, sich besonders intensiv um sie zu kümmern.

Dein eigenes Krafttier reicht dir jetzt einen großen Farbtopf mit
goldener Farbe und einem Pinsel. Tauche den Pinsel tief in die
goldene Farbe ein und beginne dann, deine Umgebung golden
anzustreichen. Du brauchst nicht sparsam mit der Farbe sein.
Trage sie ruhig dick auf. Dein Krafttier unterstützt dich dabei.
Sieh dich nun noch einmal in der Umgebung um. Siehst du

die eine oder andere Veränderung? Nimm alles in Ruhe wahr. Bedankt euch nun bei euren Krafttieren. Geht wieder durch die goldene Türe, den Gang entlang, bis ihr wieder in der Höhle angelangt seid. Verabschiedet euch von euren Krafttieren. Vielleicht möchten sie euch zum Abschied auch ein Geschenk machen.

Langsam verlasst die Höhle. Eure Krafttiere bleiben zurück. Mit einem Gefühl der inneren Freude und Dankbarkeit geht ihr den Weg wieder hinab, durch den Wald. Spüre noch einmal, wie willkommen und geliebt ihr hier seid. Dann gelangt ihr auf die Frühlingswiese und spürt noch einmal die warmen Sonnenstrahlen. Atme den Duft der Blumenwiese tief in dich ein und spüre die Wärme und Geborgenheit.

Du kannst jederzeit an diesen besonderen Ort zurückkehren. Verabschiede dich nun von deinem Tier. Genieße die Umgebung nun noch einen Moment und komme dann langsam mit deiner Aufmerksamkeit wieder in deinen Körper zurück. Spüre deine Arme und deine Beine, bewege sie langsam, nimm den Raum um dich herum wahr und öffne dann in deinem Tempo wieder die Augen.

ENERGIEARBEIT MIT LICHTWESEN

Die Energiearbeit mit Engeln, aufgestiegenen Meistern, Einhörnern, Drachen und anderen Lichtwesen unterscheidet sich vor allem dadurch von der Arbeit mit Krafttieren, dass Lichtwesen eher in den seelischen Auraschichten wirken, Krafttiere meist auf körperlicher oder emotionaler Ebene und typischerweise in den ersten vier Auraschichten. Das Rufen eines Lichtwesens ist ähnlich wie die Einbeziehung eines Krafttieres in die Energiearbeit.

ENGEL

Engel sind Lichtwesen, die immer unterstützend, fürsorglich, sanft und liebevoll handeln. Sie sind geduldig und nachsichtig. Man kann sie immer um Hilfe bitten, denn sie fragen die Seele des betreffenden Wesens, ob sie die Erlaubnis haben, einzugreifen. Manchmal ist es auf seelischer Ebene nicht erlaubt, dass sie eine energetische Blockade beseitigen. Wenn es für sie möglich ist, zu unterstützen, verfügen sie über starke Heilkräfte, die sie effektiv und rasch einsetzen. Engel waren niemals inkarniert, sie hatten nie einen Körper und können daher Probleme, die Menschen oder Tiere haben, nicht immer nachvollziehen, haben aber volles Verständnis und wahrlich engelhafte Geduld.

AUFGESTIEGENE MEISTER/MEISTERINNEN

Meister/Meisterinnen waren bereits mehrmals auf der Erde inkarniert und erlangten in ihrer letzten Inkarnation die Meisterschaft, das heißt, sie entschieden sich in jeder Situation ihres Lebens so, wie es ihre Seele getan hätte. Sie ließen sich weder aus Angst noch aus Faulheit oder Ignoranz von ihrem Seelenauftrag abbringen. Nach dem Ablegen ihres menschlichen Körpers nahmen sie ihren Platz in der geistigen Welt ein und unterstützen jetzt die Erde von dieser Ebene aus. Einige bekannte Meister/Meisterinnen sind: Maria, Maria Magdalena und Sananda (Jesus).

Auch Tiere können ihre Meisterschaft auf Erden erlangen, sind dann aber nicht so berühmt, wie die „offiziellen" Meister/Meisterinnen, die die Aufgabe haben, Menschen spirituell zu führen. Es gibt unzählige menschliche Meister/Meisterinnen, von denen niemand etwas weiß, sie halten sich eher im Hintergrund. Viele von den unbekannten tierischen und menschlichen Meister/Meisterinnen unterstützen Menschen als Geistführer. Zahlreiche tierische Meister/Meisterinnen inkarnieren weiterhin auf der Erde, um ihre Menschen zu begleiten.

Hinweis: Für die Seele ist es unerheblich, ob sie in einem menschlichen oder tierischen Körper inkarniert. Es gibt keine qualitativen Unterschiede. Seelen, die in menschlichen Körpern inkarnieren, sind keineswegs weiter entwickelt als die, die sich tierische Körper wählen, um Erfahrungen auf der Erde zu machen.

ÜBERBLICK ÜBER DIE GÖTTLICHEN FARBSTRAHLEN UND DIE IHNEN ZUGEORDNETEN MEISTER/ MEISTERINNEN UND ERZENGEL

Strahl	Themen	Meister/-in	Erzengel
blau	Mut, Kraft, Schutz	El Morya	Michael
aquamarin	Entscheidung Klarheit	Maha Cohan	Aquariel
goldgelb	Weisheit, Erleuchtung	Konfuzius	Jophiel
grün	Wahrheit, Heilung	Hilarion	Raphael
rosa	Liebe, Freiheit	Rowena	Chamuel
magenta	Harmonie, Yin-Yang-Gleichgewicht	Sananda	Anthriel
gold	Fülle, Reichtum, Geborgenheit	Kuthumi	Valeoel
pfirsich	Lebensfreude, Seelenauftrag	Maitreya	Perpetiel
opal	Karmaarbeit, Transformation	Sanat Kumara	Omniel
rubinrot	Friede, Harmonie	Lady Nada	Uriel
weiß	Reinigung, Disziplin	Serapis Bey	Gabriel
violett	Vergebung, Transformation	St. Germain	Zadkiel
Regenbogen	Meisterschaft	Höheres Selbst	Schutzengel

Diese Übersicht kann dazu genützt werden, Erzengel und Meister/Meisterinnen, die ein Tier sich für die Harmonisierung seines Energiesystems wünscht, nachzuschlagen. Das Verständnis darüber, welche Prozesse das Tier durchläuft, und das Ziehen von Verbindungen und Zusammenhängen ist bei einer langfristigen Begleitung eines Tieres sehr wertvoll. Wünscht ein Tier sich beispielsweise, dass der aufgestiegene Meister Sananda das Sakralchakra harmonisiert, dann handelt es sich wahrscheinlich um ein Yin/Yang-Thema (siehe später). Hingegen deutet eine Unterstützung durch Erzengel Michael oder Meister El Morya im Sakralchakra darauf hin, dass es um Abgrenzung und Schutz geht. Wenn Serapis Bey oder Erzengel Gabriel gerufen werden, kann man davon ausgehen, dass es Fremdenergien im Sakralchakra gibt, die ein Tier gerne bereinigt haben möchte.

Zusätzlich liefern die Themen der Farbstrahlen ergänzende Hinweise zu Farben, die ein Tier sich in seinem Energiesystem wünscht. Die Farbe Blau, die normalerweise für Ruhe, Entspannung und Kühle sorgt, ist auf seelischer Ebene mit den Themen Mut, Kraft und Schutz verbunden.

EINHÖRNER

Einhörner sind Lichtwesen, die der Yin-Energie zugeordnet sind. Ihre Energie ist die der bedingungslosen Liebe. Sie lösen Blockaden ausschließlich durch die Kraft der Liebe. Sie kämpfen nicht gegen negative Energien, sie strahlen sie kurz mit ihrem Horn an und die liebevolle Energie verwandelt alles, was negativ ist, sofort in etwas Positives. Wer sich nicht verändern möchte, weicht ihnen weiträumig aus.

Ihr Horn, das schneckenartig gedreht ist und vorne spitz zuläuft, wirkt gleichzeitig reinigend, harmonisierend und stabilisierend.

Bei der Energiearbeit mit Einhörnern erübrigen sich daher die üblichen drei Schritte. Es genügt, dass die Einhörner mit ihrem Horn auf Körperteile, Chakren und Auraschichten „strahlen". In der Meditation „Einhorn-Heilreise" kann man die Wirkung der Einhorn-Energie erleben.

DRACHEN

Diese liebevollen Lichtwesen sind viel netter als ihr Ruf! Drachen verkörpern die Yang-Energie, gerichtete, kraftvolle Energie, die ein Ziel hat und es in lichtvoller Weise, aber sehr bestimmt anstrebt. Drachen sind nicht brutal oder aggressiv, sie speien Feuer, das aber eine sehr heilsame, transformierende Wirkung hat.

Eine besondere Technik der Drachen ist der „Phönix aus der Asche". Dazu fackeln sie Menschen oder Tiere mit ihrem Feuer, das nicht schmerzhaft oder heiß ist, ab. Die Wesen zerfallen zu Asche, aus der sie sich geheilt erheben, wie der Phönix aus der Asche.

Diese Technik wird in der „Drachenmeditation - Hintergründe körperlicher Symptome" eingesetzt, um körperliche Blockaden zu transformieren.

ENERGIEÜBERTRAGUNG
DURCH DIE HÄNDE

Viele Tiere lieben es, berührt zu werden. Wer bereits beim Wahrnehmen von energetischen Blockaden gerne mit den Händen in der Aura arbeitet, kann auch bei der Harmonisierung die benötigten Energien durch die eigenen Hände ins Energiesystem des Tieres fließen lassen.

Zuerst stellt man sich geistig mit dem Tier unter den Licht-Wasserfall, reinigt geistig die Aura des Tieres und tastet mit den Händen in der Aura oder an der Körperoberfläche nach energetischen Blockaden. Dann fragt man geistig, welche Energie (etwa Farbe, Krafttier, Lichtwesen) benötigt wird. Der Licht-Wasserfall nimmt die jeweilige Farbe, Krafttier- oder Lichtwesen-Energie an, fließt in das eigene Kronenchakra hinein, ins Herzchakra und von dort aus durch die Arme in die Hände. Von den Hand-Chakren aus fließt die Heilungsenergie in den Körper und das Energiesystem des Tieres.

 ## MEDITATION: EINHORN-HEILREISE

Bei dieser Reise werden das Energiesystem und der gesamte Körper eines Tieres von Einhörnern gereinigt und harmonisiert. Die Energie der Einhörner hilft dem Tier insbesondere, seinen Körper besser anzunehmen und scheinbare Unzulänglichkeiten oder Schwächen zu akzeptieren. Die Energie der Einhörner, ihre bedingungslose Liebe, fördert die Selbstliebe. Gerade für Tiere, die keine gute Beziehung zu ihrem Körper haben, ist diese Meditation sehr förderlich.

Mache es dir bequem und atme ein paar Mal tief ins Becken. Komme ganz in deiner Mitte an. Hülle dich in eine flauschige, champagnefarbene Lichtwolke, die dich sanft umgibt wie eine zarte, liebevolle Umarmung. Lass diese liebevolle Energie einige Zeit auf dich wirken, bis sich die Schwingung in jeder deiner Zellen an die Energie angepasst hat. Spüre, wie deine Chakren und alle Auraschichten in der Energie der Lichtwolke zu schwingen beginnen.

Sieh dich nun selbst auf einem Felsplateau stehen. Unter dir erstreckt sich ein wunderschöner, sanfter Sandstrand. Genieße die frische, kühle Meeresbrise, die dir entgegenweht. Nimm den Klang der Wellen und den Geruch des Meeres wahr. Sieh einige Zeit auf das Meer hinaus und lasse die Weite und das tiefe Blau auf dich wirken.

Auf einmal spürst du hinter dir eine liebevolle, sehr kraftvolle und lichtvolle Energie. Ein Einhorn hat sich zu dir gesellt. Es stupst dich sanft von hinten an und reibt seine Nase an deiner Schulter. Dreh dich um und betrachte es. Sieh es dir in allen Details an. Seinen kraftvollen Körper, das glänzende Fell, die festen Hufe, die prachtvolle Mähne, den wallenden Schweif, seine sanften, dunklen Augen und das schneckenartig gedrehte und vorne spitz zulaufende, funkelnde Horn.

Spüre das reine Licht, die bedingungslose Liebe und die Kraft, die von deinem Einhorn ausgehen. Vielleicht darfst du es auch berühren, streicheln und umarmen.

Spüre, wie sehr dich diese Begegnung berührt.

Du entdeckst, dass dein Einhorn einen Gefährten mitgebracht hat. Spüre das reine Licht, die bedingungslose Liebe und die Kraft, die von den beiden Einhörnern ausgehen.

Lade nun ein Tier zu dir auf das Felsplateau ein. Vielleicht ist es dein eigenes Tier oder ein Tier, das du kennst und von dem du

weißt, dass es ihm zur Zeit nicht so besonders gut geht. Sieh das
Tier aus der Ferne auf dich zukommen. Es kommt immer näher
und näher und begrüßt dich schließlich freudig. Die Einhörner
laden euch nun dazu ein, es euch auf einer regenbogenfarbenen,
kuscheligen Decke bequem zu machen, die auf einer weichen
Stelle des Plateaus für euch ausgebreitet wurde.

Du bemerkst, dass die beiden Einhörner langsam auf das Tier
zukommen und mit ihrem Horn, von dem ein kraftvoller,
gerichteter Lichtstrahl ausgeht, auf seinen Körper leuchten,
wie mit einer starken Taschenlampe. Sie leuchten auch in seine
Auraschichten und beleuchten die Blockaden, die sich in ihnen
verbergen.

Dein Tier kann nun die Einhörner darum bitten, ihre
Heilungsenergie auf eine Körperstelle zu richten, die sie ganz
besonders benötigt. Dein Tier lässt diese Energie eine Zeit
wirken. Beobachte dein Tier und die Einhörner bei diesem
Prozess. Was nimmst du wahr?

Die Einhörner reinigen und harmonisieren nun einen Körperteil
des Tieres nach dem anderen. Beobachte den Prozess.

Sie beginnen bei den Augen. Anschließend harmonisieren sie
die Ohren deines Tieres. Dann die Nase. Anschließend Kiefer,
Zähne und Zahnfleisch. Dann den Hals und den Kehlkopf.
Speise- und Luftröhre. Anschließend reinigen und harmo-
nisieren sie die Lunge. Danach das Herz. Dann reinigen und
harmonisieren sie den Magen. Sie gehen nun weiter zur
Bauchspeicheldrüse. Anschließend zu Leber und Galle. Dann
zur Milz. Anschließend reinigen und harmonisieren sie den
Darm. Sie gehen nun weiter zu den Nieren. Dann fließt ihre
Energie in die Gelenke des Tieres. Und abschließend wenden
sie sich der Haut und dem Fell zu. Bedankt euch bei deinen
Einhörnern für ihre liebevolle Unterstützung.

Verabschiedet euch für diesen Moment von ihnen. Verabschiede dich auch für diesen Moment von deinem Tier.

Komme dann langsam mit deiner Aufmerksamkeit wieder in deinen Körper zurück. Spüre deine Arme und Beine, bewege sie und öffne dann in deinem Tempo wieder die Augen.

MEDITATIONEN MIT TIEREN

Die meisten Tiere genießen es sehr, wenn man mit ihnen meditiert. Sie können sich sehr gut entspannen, wenn sich ihr Besitzer/ihre Besitzerin entspannt. Neben der einfachen Anwesenheit von Tieren während einer Meditation kann man Tiere auch aktiv in Meditationen einbeziehen bzw. einladen.

Wichtig ist es dabei, die Tiere bewusst zu fragen, ob sie mitmachen möchten. Falls sie Widerstand ausdrücken, kann man nachfragen, was das Tier bräuchte, um sich auf die Meditation einzulassen.

Fast jede Meditation, die für Menschen geschrieben wurde, lässt sich sinngemäß auf Tiere übertragen. Wer selbst Meditationen für Tiere und ihre Besitzer verfassen möchte, kann sich an nachfolgendes Schema halten.

TYPISCHE SCHRITTE IN EINER MEDITATION:

1. Entspannung (z. B. atmen, zentrieren, in die Mitte kommen)
2. Umgebung (z. B. eine schöne Landschaft) mit allen Sinnen wahrnehmen
3. Das Tier, mit dem man meditieren möchte, einladen
4. Fragen, ob es teilnehmen möchte; wenn nein: Was braucht es dazu?

5.   Tatsächliche Energiearbeit (z. B. Reinigung, Harmonisierung, Energie tanken, Themen loslassen)

6.   Botschaft(en)

7.   Beim Tier bedanken

8.   Vom Tier verabschieden

9.   Zurückkommen

Als Beispiel wurde untenstehend die Licht-Wasserfall-Meditation so umformuliert, dass man sich auf die energetische Reinigung des Tieres fokussiert.

ॐ MEDITATION: LICHT-WASSERFALL MIT EINEM TIER

Setze dich bequem und aufrecht hin, schließe die Augen und atme ein paar Mal tief ins Becken. Erlaube deinem Körper und deinem Geist, zur Ruhe zu kommen. Spüre, wie du mit jedem Atemzug mehr in deine Mitte und in deine Kraft gelangst.

Stelle dir nun vor, dass du dich in einer wunderschönen Landschaft befindest, vielleicht auf einer tropischen Insel. Die Sonne scheint auf dich herab, es hat genau die Temperatur, bei der du dich wohlfühlst. Du fühlst dich dort sicher und geborgen. In dieser Landschaft befindet sich ein Wasserfall aus kristallklarem Licht. Du stellst dich unter diesen Wasserfall und das kristallklare Licht fließt an dir herab.

Es spült alles, was dich gerade beschäftigt, weg und macht Platz für Neues. Es spült deine Zweifel, deine Ängste, deine Befürchtungen weg, sie sickern in die Erde und werden dort liebevoll transformiert. Der Wasserfall reinigt dich und erfüllt dich mit Klarheit, Wachheit und Kraft. Lade jetzt ein Tier zu dir ein. Das Tier, das dir spontan einfällt oder das spontan bei dir auftaucht. Begrüße es und frage es, ob es diese Meditation mit dir gemeinsam machen möchte. Falls es verneint, frage es, was es braucht, damit es mitmacht. Gib ihm alles, was es möchte, wenn es für dich stimmig ist.

Stelle dir vor, das Tier stellt sich zu dir unter den Wasserfall. Der Wasserfall reinigt seinen Körper, fließt über die Außenseite seiner Beine und auch über die Innenseite. Er spült alle Blockaden und alle Emotionen, die das Tier daran hindern, sein volles Potenzial zu leben, weg, reinigt es und lädt es auf. Jede Auraschicht wird mit der Klarheit des Wasserfalls erfüllt.

Nun fließt der Wasserfall aus kristallklarem Licht auch von oben in sein Kronenchakra an der Oberseite seines Kopfes hinein und reinigt seinen Körper auch von innen.

Das kristallklare Licht fließt über die Innenseiten seines Gesichts, spült seine Augenhöhlen und seine Gehörgänge. Es reinigt ganz sanft und ganz vorsichtig seine Gehirnhälften. Der kristallklare Wasserfall fließt durch seinen Kiefer, seinen Hals, umspült und entspannt den Nacken und die Schultern und fließt dann sanft durch seinen Oberkörper und durch seine Beine und bei den Pfoten, Hufen oder Krallen wieder hinaus. Der kristallklare Wasserfall fließt seine Wirbelsäule hinab und umspült sanft jeden Wirbel.

Das Licht fließt schließlich durch seinen gesamten Körper, reinigt dabei alle Organe, alle Knochen, alle Muskeln, alle Sehnen, alle Gelenke, reinigt jede einzelne Zelle und lädt sie mit Freude, Liebe und Klarheit auf.

Der Wasserfall fließt auch durch seine Beine, tritt an den Sohlen hinaus und fließt in die Erde, die alles liebevoll aufnimmt und transformiert. Der Wasserfall fließt weiter sanft und angenehm an deinem Tier und in deinem Tier herab und du bemerkst, dass er seine Farbe langsam verändert und jetzt zu goldenem

Licht wird. Auf der Höhe seines Herzchakras entsteht nun eine goldene Schale, in die das goldene Licht hineinfließt und die Schale langsam auffüllt. Und erst dann, wenn die Schale ganz voll ist, fließt das goldene Licht über und fließt in seinem Körper nach unten, durch seine Beine in den Boden. Dort entstehen goldene Wurzeln, die durch alle Erdschichten hindurch ins Erdinnere wachsen. Sie wachsen immer weiter nach innen, in die Erde hinein. Dort ist es angenehm warm, dein Tier kann sich völlig geborgen und geliebt fühlen. Im Erdinneren ist eine goldene Höhle, die Geborgenheit und bedingungslose Liebe ausstrahlt. Dein Tier ist eingeladen, seine Wurzeln in der Höhle zu verankern. Nun zieht es die goldene Erdenergie, voller Liebe und Wärme, hinauf, durch seine Wurzeln, bis zu seinem Wurzelchakra und lädt es mit dieser goldenen Energie, mit absoluter Geborgenheit und mit Vertrauen auf.

Vom Wurzelchakra aus verteilt sich die goldene Energie in seinem ganzen Körper. Dein Tier kann sich nun absolut geborgen und geliebt fühlen.

Du kannst ihm sagen, dass es jederzeit seine Wurzeln im Erd-inneren verankern kann, immer, wenn es Stabilität, Geborgen-heit, Gehaltenwerden braucht. Genießt beide dieses Gefühl nun noch einen Moment. Bedanke dich dann bei deinem Tier, dass es mitgemacht hat, und verabschiede dich für diesen Moment von ihm.

Nun spürst du, wie sich die Energie langsam zurückzieht. Komme nun langsam mit deiner Aufmerksamkeit wieder in deinen Körper zurück. Spüre deine Arme und deine Beine, bewege sie langsam, nimm den Raum um dich herum wahr und öffne dann langsam wieder die Augen.

ESSENZEN, KRISTALLE

Mithilfe der feinstofflichen Wahrnehmung kann man erkennen, wie Essenzen, Kristalle und andere energetische Hilfsmittel auf das Energiesystem der Tiere wirken. Dazu stellt man sich vor, man hielte die Essenz oder den Kristall in die Aura des Tieres. Nun spürt man hin, wie sich das für das Tier anfühlt, beobachtet die Veränderungen in der Aura oder fragt das Tier, wie es ihm dabei geht.

Am besten übt man diese Auswahlmethode zuerst bei sich selbst, indem man beispielsweise mehrere Heilsteine geistig durchprobiert, sich dann für einen entscheidet, der eine positive Wirkung hat und ihn dann physisch eine Zeit lang bei sich trägt. Auf diese Weise kann man das Gefühl, das der Kristall auslöst, gut mit der zuvor wahrgenommenen energetischen Wirkung vergleichen.

Zur Auswahl von Blütenessenzen und Heilsteinen eignen sich Abbildungen, die man durchblättert, wobei man auf das eigene Bauchgefühl hört. Man kann üben, sowohl für sich selbst auf diese Weise energetische Hilfsmittel auszuwählen als auch für andere (Menschen oder Tiere).

Auch das Auspendeln und der kinesiologische Muskeltest eignen sich sehr gut, um festzustellen, was ein Tier energetisch benötigt. Um Fehler oder Verzerrungen zu vermeiden, sollte man diese Techniken gründlich erlernen (z. B. in einem Seminar oder in einem persönlichen Coaching), damit man weiß, worauf dabei zu achten ist, und mithilfe von Blindtests die Ergebnisse immer wieder überprüfen.

Hinweis: Bevor man mit Essenzen, Kristallen oder anderen energetischen Wirkstoffen auf diese Weise experimentiert, sollte man sich unbedingt über deren Wirkungsweise informieren. Die körperlichen und emotionalen Reaktionen sollten nicht unterschätzt werden!

Weiters ist es wichtig, sich zu informieren, welche Substanzen mithilfe energetischer Methoden bei energetischen Beratungen ausgewählt werden dürfen. In Österreich sind beispielsweise Schüssler Salze und homöopathische Mittel den Tierärzten vorbehalten.

Auf Seelenebene wissen die Tiere ganz genau, welche energetischen Hilfsmittel sie benötigen. Die einfachste Methode besteht daher darin, die Seele zu fragen. Dazu dient folgende Meditation.

MEDITATION: BEGEGNUNG MIT DEM TIER AUF SEELENEBENE

Bei dieser Reise auf die Seelenebene (derselbe Ort, an dem die Begegnung mit dem Höheren Selbst und dem Geistführer stattgefunden hat) hat man die Möglichkeit, Themen mit dem Tier zu besprechen, die das Zusammenleben oder große Entscheidungen wie Operationen und andere medizinische Eingriffe betreffen. Man kann dem Tier auf dieser Ebene auch Fragen zu energetischen Unterstützungsmaßnahmen stellen, sowie Hintergründe für Probleme oder Krankheiten erforschen. Auf dieser Ebene ist das Tier mit seiner unendlich weisen Seele verbunden und kann alles beantworten, auch Dinge, die es mit seinem Alltagsbewusstsein nicht wissen könnte.

Atme tief durch und entspanne dich völlig. Lasse den Atem durch deinen ganzen Körper fließen. Gehe bewusst in alle Stellen, die noch angespannt sind.

Der Atem bringt dir und deinem Körper Entspannung. Atme Entspannung ein und Anspannung aus. Fühle, wie du offen und frei wirst und gleichzeitig ganz in deiner Mitte ankommst.

Stelle dir nun vor, dass aus deinem Herzchakra ein goldener Weg emporwächst. Der Weg wächst immer höher und höher, in den Himmel hinein, durch die Wolkendecke hindurch und immer höher und höher in Richtung Universum.

Dein Schutzengel nimmt dich an der Hand und du gehst nun völlig sicher und geschützt diesen goldenen Weg hinauf, immer höher und höher, durch die Wolkendecke hindurch und immer höher und höher in Richtung Universum.

Schließlich kommst du zu einem goldenen Tor, das wie von allein aufschwingt. Tritt hindurch. Du gelangst in einen wunderschönen, strahlenden Wolkenraum. Das goldene Tor schwingt hinter dir wieder zu und du machst es dir auf den Wolken gemütlich. Spüre die bedingungslose Liebe, die dieser Raum ausstrahlt.

Du bemerkst, dass sich um dich herum unzählige Engel, aufgestiegene Meister, Einhörner und andere Lichtwesen versammelt haben, die dich liebevoll begleiten und unterstützen wollen. Aus dem Kreis der lichtvollen Gestalten tritt nun ein Wesen auf dich zu. Es ist das Tier, mit dem du auf Seelenebene kommunizieren möchtest.

Du hast nun die Möglichkeit, dem Tier einige Fragen zu stellen. Du kannst es alles fragen, was dir im Moment wichtig ist. Vielleicht möchtest du es fragen, was es zu seiner Heilung benötigt, ob Änderungen im Alltag notwendig sind, ob es seine Menschen spiegelt. Möglicherweise wünscht sich das Tier auch

Essenzen oder Kristalle. Frage es, wie sie angewendet werden sollen. Nimm seine Antworten mit deinen Hellsinnen wahr. Notiere die Antworten, wenn du möchtest. Nimm dir Zeit für ein ausführliches Gespräch und bedanke dich anschließend bei ihm.

Genieße noch einen Moment die Anwesenheit all der Lichtwesen, die für dich da sind, die du immer um Hilfe und um Rat fragen kannst. Bedanke dich bei ihnen.

Gehe dann langsam wieder durch das goldene Tor und den goldenen Weg hinab. Tiefer und tiefer führt der Weg, den du mit deinem Schutzengel an der Hand beschreitest. Durch die Wolkendecke hindurch, die Erde kommt immer näher und näher. Gehe tiefer und tiefer, bis du wieder ganz in deinem Herzchakra angelangt bist. Ziehe den goldenen Weg wieder in dein Herzchakra ein und bringe es auf eine normale Größe.

Komme dann in deinem Tempo wieder ganz ins Hier und Jetzt zurück und öffne deine Augen.

ERHEBUNGSBLATT FÜR EINE ENERGETISCHE SITZUNG

Der folgende Erhebungsbogen kann verwendet werden, um die feinstofflichen Wahrnehmungen und Heilungsarbeit im Energiesystem des Tieres detailliert zu protokollieren.

Es ist nicht empfehlenswert, sie Tierbesitzer/Tierbesitzerinnen mitzugeben, da die energetischen Details im ersten Moment sehr verwirrend sein können.

ERHEBUNGSBLATT

Datum/Ort .... Kontaktdaten Tierbesitzer/in ....

Name/Geburtsjahr des Tieres .... Tierart/Rasse ....

WAHRNEHMUNGEN CHAKREN

* Wurzelchakra
* Sakralchakra
* Solarplexus
* Herzchakra
* Halschakra
* Stirnchakra
* Kronenchakra

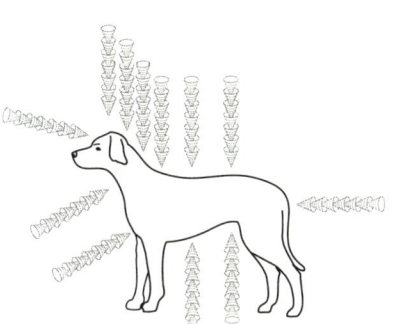

WAHRNEHMUNGEN AURA

* Ätherkörper
* Emotionalkörper
* Mentalkörper
* Astralkörper
* Seelischer Ätherkörper
* Seelischer Emotionalkörper
* Seelischer Mentalkörper

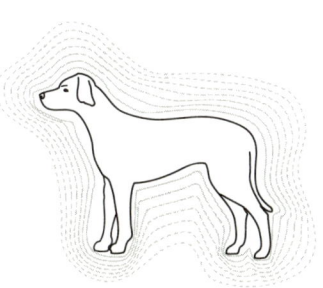

ENERGIEARBEIT

* Reinigung
* Harmonisierung
* Stabilisierung
* Unterstützung durch Lichtwesen, Krafttieren

SPIEGEL? ....

TIPPS an den Tierbesitzer / die Tierbesitzerin ....

ARBEIT MIT DEM INNEREN KIND

DAS INNERE KIND DER TIERE

Das Innere Kind ist der Teil in einem Menschen oder einem Tier, der alle Erlebnisse der Kindheit und Babyzeit (auch vorgeburtlich) abspeichert. Sämtliche Emotionen, Glücksgefühle und Freude, aber auch Angst, Unbehagen und Traurigkeit aus dieser Zeit, wirken während des gesamten Lebens in Energiesystem und Körper nach.

Speicherungen von negativen Gefühlen oder Ängsten können große energetische Blockaden (vor allem in den drei äußeren Auraschichten) verursachen und dazu führen, dass Menschen und Tiere im Erwachsenenleben – teilweise scheinbar unerklärliche – starke negative Emotionen in sich spüren.

Das Innere Kind stellt den Teil dar, der durch frühe Prägung entscheidende Gefühle, Verhaltensmuster, Glaubensmuster und Wertvorstellungen übernimmt. Bei vielen großen energetischen Blockaden ist das Innere Kind der Schlüssel.

Konflikte des Inneren Kindes können zu gravierenden körperlichen Beschwerden führen. Diese sind häufig im Bereich des Herzchakras zu finden (Herz und Lunge) oder es handelt sich um einen Körperteil, der mit einem bestimmten Erlebnis am Beginn des Lebens oder im Mutterleib in Zusammenhang steht.

Gab es in der Kindheit traumatische Ereignisse, können diese so schmerzvoll gewesen sein, dass sie mit den damals nützlichen Überlebensstrategien tief im Unterbewusstsein abgelegt werden. Es handelt sich dabei um abgespaltene (Seelen-)Anteile, die Aufmerksamkeit einfordern. Es kann sein, dass sie sich in scheinbar unerklärbarem Verhalten zeigen oder in psychosomatischen Erkrankungen. Das Ziel der Seele ist es, wieder alle abgespaltenen Seelenanteile integrieren zu können. Dazu bedarf es oft einer intensiven Aufarbeitung der Ereignisse und Emotionen. Die Arbeit mit dem Inneren Kind hat zum Ziel, diese Anteile wahrzunehmen, anzunehmen, zu integrieren und dem Tier dabei zu helfen, die schmerzhaften Gefühle zu transformieren.

HEILUNG DES INNEREN KINDES

Die Energiearbeit mit dem Inneren Kind (bzw. dem Inneren Welpen, Kätzchen, Fohlen) erfordert viel Intuition und Feingefühl. Es gibt keine fixen Regeln oder Handlungsanleitungen, sondern die Energiearbeit stellt eher einen Dialog mit dem Inneren Kind eines Menschen oder Tieres dar.

Der erste Schritt besteht darin, Kontakt zum Inneren Kind herzustellen und dessen Vertrauen zu erlangen. Die Vorgehensweise ähnelt der Kontaktaufnahme in der Tierkommunikation.

Danach kann man versuchen, wahrzunehmen, wie es dem Inneren Kind geht. Dabei kann man es ganz konkret befragen. Folgende Dinge könnten von Bedeutung sein:

- Wie geht es dem Inneren Kind emotional?
  (z. B. ängstlich, traurig, fröhlich, einsam, panisch)

- Wie geht es ihm körperlich? Hat es Hunger, Durst, ist ihm kalt oder warm?

- Wo befindet es sich? Sind dort andere Wesen (Menschen, Tiere, Lichtwesen)?

- Wo sind die Geschwister, Eltern bzw. Mutter?

- Befindet sich das Tier in einer Ohnmachtssituation?

Dann fragt man das Innere Kind, was es braucht, und stellt es ihm zur Verfügung. Ist es z. B. hungrig, bekommt es etwas zu essen (oder Muttermilch). Ist ihm kalt, bekommt es eine Decke oder Artgenossen, die es wärmen.

Besonders wichtig ist es meist, dem Tier eine mütterliche Energie zur Seite zu stellen, wenn diese nicht vorhanden ist. Das kann die reale Mutter sein oder eine mütterliche Energie (beispielsweise ein Engel oder ein Krafttier wie eine Bärenmutter oder eine Löwin).

Alle Personen, Tiere, Beschränkungen, alles, was dem Tier Angst macht, muss unbedingt entfernt werden! Stattdessen kann man dem Inneren Kind alles geistig zur Verfügung stellen, was schützend, nährend und wärmend ist.

Beispiel

Ein Rüde, der aus einer Tötungsstation gerettet wurde, zeigt folgendes Bild seines Inneren Kindes: Er irrt auf einer staubigen Straße umher, hat großen Hunger und wird von Menschen verfolgt. Seine Angst ist groß, er ist rastlos und unruhig. Die Geschwister wurden getötet, seine Mutter hat er bei einer Flucht vor den Hundefängern aus den Augen verloren.

Man könnte mit dem kleinen Rüden z. B. wie folgt arbeiten:

1. An einen absolut sicheren Ort bringen, an dem ihn kein Hundefänger je finden kann.

2. Eine Mutterfigur an die Seite stellen (z. B. eine große Hundemutter, die ihn nährt, sauber macht, wärmt und schützt).

3. Ihm alles geben, was er sich wünscht, wenn er stabiler geworden ist: z. B. eine weiche Decke, Wasser, Futter, Schutzengel, andere Hundebabys

4. Stabilisierung: z. B. in Gold einhüllen, goldenes Aura-Ei, Schutzengel bitten, ihn zu beschützen, mögliche Wunden versorgen und golden einbinden.

5. Wenn das Innere Kind schließlich stabil, fröhlich und ausgeglichen ist, ist es wichtig, dass das (erwachsene) Tier sein Inneres Kind integriert (z. B. die Vorstellung, das Innere Kind verschmilzt mit dem erwachsenen Tier oder macht es sich in seinem Herzchakra gemütlich).

Falls das Innere Kind noch Zeit benötigt, kann man seinen Geistführer und/oder den Schutzengel des Tieres oder ein Krafttier bitten, das Innere Kind weiter zu betreuen und das erwachsene Tier dann zu unterstützen, es im richtigen Moment zu integrieren.

Die Wahrnehmung des Zustands des Inneren Kindes funktioniert ähnlich wie die Wahrnehmung des energetischen Zustands des Tieres (Aura, Chakren). Der Unterschied ist nur der, dass man nicht das Tier im jetzigen Alter vor sich hat, sondern das Innere Kind des Tieres in dem Alter, in dem es sich im jeweiligen Moment zeigen möchte (weil z. B. in diesem Alter der Auslöser für eine energetische Blockade passiert ist).

Beispiel

Schließe deine Augen und nimm ein paar tiefe Atemzüge. Bitte deinen Geistführer, ein Krafttier oder ein Lichtwesen, dich zu unterstützen.
Visualisiere einen Wasserfall aus kristallklarem Licht und stelle dich eine Weile darunter. Das Licht reinigt deine Aura, deine Chakren und fließt auch in deinen Körper hinein. Gib alles an das fließende Licht ab, was dich jetzt belastet. Stelle dir vor, dass der Licht-Wasserfall sich auch auf den Raum ausdehnt, in dem du dich jetzt befindest. Der Raum wird energetisch gereinigt. Spüre, wie sich seine Energie verändert.

Fokussiere dich nun auf das Tier, dessen Inneres Kind du nun kennenlernen möchtest und lade das Innere Kind zu dir unter den Licht-Wasserfall ein. Seine Aura und seine Chakren werden von kristallklarem Licht durchflutet.

Während das Tier weiterhin unter dem Licht-Wasserfall steht und die reinigende Energie genießt, nimm Kontakt zum Inneren Kind des Tieres auf. Wie sieht es aus? Kommuniziert es mit dir? Wie geht es ihm? Kann es dir sagen, was es braucht?

Nimm alles in Ruhe wahr. Es gibt kein Richtig oder Falsch. Wenn du möchtest, notiere deine Wahrnehmungen.

Stelle dem Inneren Kind des Tieres nun geistig alles zur Verfügung, was es benötigt. Vielleicht kann es dir genau sagen, was es sich wünscht. Ansonsten versuche, zu erahnen, was ihm gut tun würde. Vielleicht möchte es etwas zu essen, Wasser, den Schutz und die Liebe seiner Mutter. Stelle dir einfach vor, dass das Innere Kind des Tieres all dies erhält.

Benötigt ein Chakra oder eine Auraschicht energetische Harmonisierung? Möglicherweise eine bestimmte Farb-schwingung, Engelenergie oder ein Krafttier? Stelle ihm geistig alles zur Verfügung.

Nimm wahr, ob eine Auraschicht harmonisierende Energien oder eine intensive Reinigung benötigt. Vertraue darauf, dass dir alles zur Verfügung gestellt wird, was du jetzt benötigst. Dein Geistführer, das Lichtwesen oder Krafttier unterstützt dich dabei. Nimm dir Zeit, alles wahrzunehmen und die Energie wirken zu lassen.

Frage das Innere Kind des Tieres nun, ob es dir noch etwas sagen möchte. Wenn du willst, notiere seine Antworten. Nimm dir Zeit.

Bedanke dich nun beim Inneren Kind des Tieres und verab-schiede dich von ihm. Visualisiere eine goldene Kugel um dich und eine goldene Kugel um das Tier und trenne geistig alle Verbindungen, die sich zwischen dir und dem Tier möglicherweise gebildet haben.

Stelle dir vor, dass dein Stirnchakra sich wieder ein wenig schließt, so, wie es für dich für den weiteren Verlauf dieses Tages stimmig ist.

Komme dann in deiner Zeit wieder ganz ins Hier und Jetzt zurück.

Wenn man den Eindruck hat, es gab viele negative Erfahrungen oder Traumata in der Zeit, in der das Tier noch klein war, kann man die verschiedenen Altersstufen geistig durchgehen und jeweils hinspüren, welche Emotionen auftauchen. Man beginnt dazu am besten in einem Alter, das sich stabil anfühlt, und bewegt sich immer weiter Richtung Geburt: z. B. sechs Monate, fünf, vier, drei Monate, elf Wochen, zehn Wochen, …. zehn Tage, neun Tage … ein Tag nach der Geburt, der Tag der Geburt, ein Tag vor der Geburt, zwei Tage vor der Geburt, eine Woche vor der Geburt usw.

ॐ MEDITATION: HEILUNG DES INNEREN KINDES EINES TIERES

Bei dieser Reise nähert man sich behutsam dem Inneren Kind des Tieres, nimmt wahr, wie es ihm geht, und stellt ihm nährende, schützende, heilsame Energien zur Seite.

Es kann sein, dass das Tier, mit dem man die Reise durchführt, schon vor der Meditation Reaktionen zeigt, zum Beispiel unruhig wird oder das Zimmer verlassen möchte. Gerade in diesem Fall sollte man die Meditation dennoch machen, aber sehr behutsam vorgehen. Das Tier kann sich ruhig in einem anderen Raum aufhalten. Widerstände gegen die Arbeit mit dem Inneren Kind sind „normal" – auch bei Menschen. Dennoch ist die Innere-Kind-Arbeit meist das, was energetisch die größten und dauerhaftesten Heilungserfolge bringt. Falls das Tier sich in der Meditation dagegen wehrt, sein Inneres Kind herzuzeigen, sollte man es allerdings unbedingt respektieren und die Reise mit einem anderen Tier oder zu einem anderen Zeitpunkt durchführen.

Ein besonderes Augenmerk dieser Reise zum Inneren Kind des Tieres liegt auf der Heilung des Solarplexus, der bei allen Ohnmachtssituationen eine wichtige Rolle spielt.

Nimm ein paar tiefe Atemzüge, richte die Aufmerksamkeit auf dich selbst.
Nimm dich wahr, deine Körperhaltung, spüre den Sitz oder die Matte unter deinem Körper, die Auflagefläche, spüre dein Gewicht, spüre die Anspannung oder Entspannung, die jetzt in deinen Muskeln ist.
Nimm die Gefühle wahr, die nun bei dir sind. Die Gedanken, Selbstzweifel, Ängste, Befürchtungen oder auch Erwartungen, die du jetzt an diese Reise zum Inneren Kind eines Tieres hast. Lasse alles da sein, nimm es an. Nimm dich für einen Moment voll und ganz an. Mit allem, was du an dir magst, und auch dem, was du ablehnst. Mit all den Eigenschaften und Qualitäten, die andere schätzen, und auch diejenigen, die andere an dir ablehnen.
Du nimmst nun wahr, wie sich eine Präsenz um dich herum bemerkbar macht. Hohe Lichtwesen erscheinen und umhüllen dich mit ihrer Energie. Engelwesen legen ihre Flügel um dich und erfüllen dich mit ihrer Liebe, ihrer Wertschätzung, ihrem Trost. Vielleicht erscheinen auch Einhörner, Drachen, Krafttiere,

aufgestiegene Meister, vielleicht auch Naturwesen, die jetzt für dich und das Innere Kind des Tieres ganz besonders wichtig sind. Nimm dir Zeit, wahrzunehmen, wer bei dir erscheint, wer jetzt für die Reise wichtig ist.

Nimm die Energien wahr und spüre, was sie in dir bewirken. Vielleicht bemerkst du, dass sich dein Körpergefühl zu verändern beginnt. Versuche aber nicht, es zu beeinflussen, es zu manipulieren. Versuche nicht, dich besonders zu entspannen, sondern vertraue dem Prozess, vertraue, dass jetzt genau das passiert, was dir gut tut.

Vielleicht machst du dir Sorgen, dass deine Wahrnehmung nicht klar genug ist. Vielleicht zweifelst du an dir und deiner Fähigkeit, die Energien wahrzunehmen. Vielleicht glaubst du, du seiest es nicht wert, dass diese wunderbaren Wesen sich um dich kümmern. Lass all diese Gedanken da sein. Nimm sie an.

Nimm deine Gedanken, Gefühle und deinen Körper an. Versuche, all das wertzuschätzen, als Teil von dir selbst zu betrachten. Wahrzunehmen. Anzunehmen. Die Lichtwesen, die sich um dich kümmern, unterstützen dich dabei, unabhängig davon, ob du sie wahrnehmen kannst oder nicht. Erlaube, dass sich Vertrauen in dir ausbreitet. Erlaube dir, darauf zu vertrauen, dass du unterstützt und geführt wirst. Dass du es wert bist, dass sich diese wundervollen Wesen um dich kümmern. Dass sie dich lieben und schätzen.

Und nun richte deine Aufmerksamkeit auf das Tier, zu dessen Innerem Kind du heute reisen möchtest. Begib dich in sein Herz. Dort entdeckst du einen Raum. Nimm den Herzensraum wahr. Sieh dich in ihm um, spüre seine Energie. Du bemerkst, dass eines dieser Lichtwesen dich in den Herzensraum deines Tieres begleitet hat, dich dort herumführt und dir alles zeigt. In diesem Raum befinden sich vielleicht Gegenstände, Erinnerungen, vielleicht hängen Bilder an den Wänden. Nimm dir Zeit, alles wahrzunehmen.

Du bemerkst, dass es auch einige Türen gibt, die aus dem Herzensraum deines Tieres herausführen. Sieh sie dir an. Vielleicht sehen sie unterschiedlich aus oder spüren sich verschieden an. Möglicherweise darfst du wahrnehmen, was auf ihnen steht. Vielleicht erklärt dir das Lichtwesen, was sich dahinter befindet, oder du hast ein Gefühl oder einen Gedanken dazu. Es gibt Türen, auf denen verschiedene Orte stehen, zu denen du von hier aus reisen kannst. Eine der Türen trägt die Aufschrift „Inneres Kind".

Wie sieht sie aus? Ist sie verziert? Spüre hin, was diese Türe in dir auslöst. Vielleicht ist Vorfreude in dir, dem Inneren Kind des Tieres zu begegnen, möglicherweise ein bisschen Angst. Lass diese Gefühle da sein. Das Lichtwesen ist bei dir, gibt dir Kraft, unterstützt dich und hilft dir, dich bereit zu machen, durch diese Türe zu treten. Nimm dir Zeit und wenn du bereit bist, dann öffnet sie sich durch deine innere Bereitschaft ganz von selbst.

Nimm wahr, was dahinter liegt. Eine Landschaft, ein Raum. Bleibe ganz offen für das, was sich dahinter befindet. Und dann tritt in Begleitung des Lichtwesens durch die Türe. Lass dich ein auf die Welt des Inneren Kindes des Tieres, wie sie sich jetzt und hier zeigt. Bei jeder Wiederkehr kann die Welt hinter der Türe ganz anders aussehen.

Nimm deine Umgebung in Ruhe wahr. Fühle die Wärme oder Kälte der Luft auf deiner Haut, den Boden unter deinen Füßen. Spüre, welche Gefühle diese Welt in dir verursacht.

Das Lichtwesen führt dich herum und bringt dich schließlich zum Inneren Kind des Tieres. Nimm wahr, wie alt es ungefähr ist, wo es sich befindet, wie es ihm geht. Ist seine Mutter bei ihm? Kannst du Geschwister wahrnehmen? Wo befindet sich der Vater? Vielleicht versteckt es sich am Anfang vor dir, möchte nicht gefunden werden, oder es läuft dir freudig entgegen und begrüßt dich.

Das Lichtwesen tritt auf das Innere Kind des Tieres zu, umschließt es mit seinen Flügeln und gibt ihm alles, was es im Moment benötigt: Wärme, Schutz, Geborgenheit, Liebe. Das Innere Kind des Tieres darf jetzt energetisch auftanken, darf die Liebe des Lichtwesens in sich aufnehmen. Es lässt sich fallen in die Geborgenheit der Flügel oder Arme des Lichtwesens.

Frage es, wie es ihm geht, wenn es mit dir spricht. Vielleicht kannst du auch seine Gedanken geistig wahrnehmen. Möglicherweise kommuniziert es überhaupt nicht mit dir, dann sei einfach bei ihm, sei präsent. Wenn das Innere Kind des Tieres sich etwas wünscht, dann stelle es ihm zur Verfügung. Du bemerkst, dass du eine Art Zauberstab in der Hand hast und mit ihm kannst du alles erschaffen, was es möchte.

Vielleicht will es andere, freundliche Tiere bei sich haben, möglicherweise etwas zu essen oder zu trinken, oder es sehnt sich nach seiner Mutter, die es beschützt, nährt und wärmt. Vielleicht wünscht es sich ein Zuhause, das ihm Geborgenheit schenkt. Eine Box, einen Garten, eine Hundehütte, ein Körbchen, einen Kratzbaum, Spielsachen, Menschen, die es bei sich aufnehmen. Beobachte das Innere Kind des Tieres, während sich all seine Wünsche erfüllen. Nimm dir Zeit dazu.

Sieh, wie dein Tier glücklich ist, spielt und herumtobt. Wahrscheinlich hat sich der Raum, die Landschaft sehr verändert, ist heller, schöner und größer geworden. Nimm wahr, wie diese innere Welt sich verwandelt hat. Wie von selbst. Falls du das Gefühl hast, keine klaren Wahrnehmungen zu haben, dann stelle es dir einfach vor. Stelle dir vor, was das Innere Kind deines Tieres deiner Meinung nach gerne hätte, wie es gerne leben würde, welche Spielsachen es sich wünschen würde. Und vertraue darauf, dass ihm alles wie von selbst zur Verfügung gestellt wird; ohne dass du dich anstrengen, es visualisieren oder wahrnehmen musst.

Und nun tritt das Lichtwesen auf das Innere Kind des Tieres zu, legt ihm seine Hände oder Flügel auf den Solarplexus und lässt Energie in dieses Chakra einfließen. Ein Gefühl von Sicherheit und Geborgenheit erfüllt nun das Innere Kind des Tieres. Alle Ohnmachtsgefühle lösen sich wie von selbst aus seinem Energiesystem. Es kann sich nun völlig entspannen und die Energie fließen lassen. Der Solarplexus weitet sich, dehnt sich aus. Verletzungen dürfen nun heilen. Nimm wahr, wie er nun immer mehr zu leuchten und zu strahlen beginnt, wie eine innere Sonne, die sich nun im gesamten Energiesystem des Inneren Kindes des Tieres ausbreiten darf. Nimm wahr, wie diese innere Sonne, die vom Lichtwesen unterstützt und genährt wird, nun jede einzelne Zelle des Körpers des Inneren Kindes des Tieres durchleuchtet, transformiert, durchströmt und auflädt. Die Energie erfüllt auch alle Auraschichten des Inneren Kindes deines Tieres. Sie werden gereinigt und mit bedingungsloser Liebe aufgeladen. Der Körper und der Ätherkörper werden nun von Selbstwert, Macht und Kraft erfüllt.

Der Emotionalkörper wird durchströmt. Der Mentalkörper wird mit bedingungsloser Liebe erfüllt.

Auch der Astralkörper, also die Beziehungen des Inneren Kindes des Tieres zu den verschiedensten Menschen oder Tieren, wird von der Energie des Lichtwesens bestrahlt.

Der Solarplexus leuchtet und strahlt inzwischen. Nimm wahr, wie sich das Innere Kind des Tieres durch diesen Prozess bereits verändert hat. Das Lichtwesen bleibt beim Inneren Kind des Tieres, um es nun in der nächsten Zeit weiter zu unterstützen und dafür zu sorgen, dass die Welt in dieser Form, die es sich jetzt erschaffen hat, bestehen bleibt. Es wird auch von Zeit zu Zeit dem Solarplexus Kraft, Stärke und Heilungsenergie zukommen lassen.

Bedanke dich dann beim Inneren Kind des Tieres und bei dem Lichtwesen. Drehe dich um und gehe wieder durch die Türe, die sich wie von selbst öffnet. Du gelangst in den Herzensraum deines Tieres, der sich nun vielleicht anders darstellt. Möglicherweise ist er heller geworden oder du bemerkst andere Veränderungen.

Bereite dich nun langsam wieder darauf vor, in deinen Körper zurückzukehren. Spüre deine Arme und Beine, bewege sie langsam, nimm den Raum um dich herum wieder wahr und öffne dann in deiner Zeit wieder deine Augen.

Diese Meditation kann ruhig öfter durchgeführt werden, allerdings sollte immer ein Abstand von drei Wochen (mit demselben Tier) eingehalten werden. Falls man die Reise mit mehreren Tieren abwechselnd durchführt, kann man sie auch öfter machen. Es kann jedoch sein, dass das eigene Innere Kind in Resonanz geht und man ebenfalls Nachwirkungen der Reise in sich spürt, obwohl es scheinbar „nur" um das Innere Kind des Tieres ging.

MEDITATION: HEILUNG VERSCHIEDENER LEBENSABSCHNITTE DES INNEREN KINDES MIT EINEM TIER

Diese Reise sollte man am besten erst nach der vorigen Reise zum Inneren Kind durchführen, damit das Innere Kind bereits Heilungsanstöße erhalten hat und energetisch stabilisiert wurde.

In dieser Meditation hat man gemeinsam mit dem Tier Gelegenheit, sich verschiedene Lebensabschnitte anzusehen: die Zeit direkt vor und nach der Geburt, die Babyzeit und spätere Lebensabschnitte. Es werden dabei alle belastenden Erfahrungen transformiert und das Tier hat Gelegenheit dazu, sie vollkommen loszulassen.

Mache es dir bequem, schließe die Augen und atme ein paar Mal tief ins Becken. Spüre, wie der Atem durch deine Lunge strömt, wie sich dein Bauch bei jedem Einatmen sanft hebt und beim Ausatmen wieder senkt.

Erlaube deinem Körper und deinem Geist, zur Ruhe zu kommen. Spüre, wie du mit jedem Atemzug mehr in deine Mitte und in deine Kraft gelangst.

Stelle dir nun vor, dass du dich auf einer wunderschönen Blumenwiese befindest. Es ist ein warmer Frühlingstag, die Sonne scheint auf dich herab und es hat genau die Temperatur, bei der du dich wohlfühlst. Als du die Blumenwiese entlangschlenderst und den Frühlingstag genießt, bemerkst du, dass sich am Rande der Wiese ein riesiger See befindet.

Du entdeckst ein Segelboot, das mit einem goldenen Seil am Ufer des Sees befestigt ist und im Wasser schaukelt. Direkt neben dem Boot siehst du eine bequeme Sitzgelegenheit, die für dich hergerichtet wurde. Lass dich dort nieder.

Lade nun ein Tier zu dir an diesen Ort ein. Nimm das Tier, das dir spontan einfällt oder sich spontan zeigt. Vielleicht möchten auch mehrere Tiere zu dir kommen. Dann konzentriere dich in weiterer Folge vor allem auf eines der Tiere.

Begrüße das Tier. Es macht es sich neben dir bequem. Auf einmal nehmt ihr ein Krafttier wahr, das aus dem Boot steigt und auf euch zukommt. Es geht eine ganz besondere Energie von ihm aus. Du spürst seine Weisheit, Güte, Liebe und Kraft. Das Krafttier kommt immer näher und begrüßt euch liebevoll. Setze dich wieder auf deine bequeme Sitzgelegenheit, während das Krafttier etwas aus dem Boot holt. Es sind einige große Bücher. Das Krafttier legt sie vor euch hin, reicht euch das erste Buch und ihr blättert darin. Das Buch ist ein Fotoalbum, in dem sich Fotos von deinem Tier befinden, die direkt nach der Geburt deines Tieres gemacht wurden. Seht sie euch in Ruhe an. Einige sind vielleicht sehr fröhlich, andere erinnern dein Tier an belastende, traurige Momente. Während ihr euch die Fotos anseht, berührt das Krafttier euch an Stellen eurer Körper und Energiesysteme, die für euch angenehm sind.

Wenn ihr die Fotos in Ruhe angesehen habt, übergebt dem Krafttier das Album. Es lässt seine kraftvolle Energie einfließen und legt es dann ins Boot.

Nun reicht euer Krafttier euch das zweite Buch und ihr blättert darin. Es enthält Fotos von deinem Tier, die gemacht wurden, als es noch sehr klein war und von seiner Mutter gesäugt wurde. Seht sie euch in Ruhe an. Während ihr euch die Fotos anseht, berührt euer Krafttier euch wieder an Stellen, die für euch angenehm sind. Wenn ihr euch die Fotos in Ruhe angesehen habt, übergebt dem Krafttier das Fotoalbum. Es lässt wieder seine Energie einfließen und legt es ins Boot. Das Krafttier übergibt euch nun das dritte Buch. Blättert darin. Es enthält Fotos von deinem Tier, die nach der Babyzeit bis zum heutigen Tag gemacht wurden. Seht sie euch in Ruhe an. Euer Krafttier berührt euch wieder und versorgt euch mit seiner Energie.

Wenn ihr euch in Ruhe alles angesehen habt, übergebt eurem Krafttier das Fotoalbum. Es lässt seine Energie einfließen und legt es dann ins Boot.

Euer Krafttier steigt nun selbst in das Segelboot und löst das goldene Seil, mit dem das Boot am Ufer befestigt ist. Wie von selbst gleitet es langsam von euch weg, bis es aus eurer Sichtweite verschwindet. Spüre in dir die Gewissheit, dass es in der geistigen Welt landen wird, in der sich kraftvolle Lichtwesen liebevoll um die Transformation der belastenden Erlebnisse deines Tieres kümmern werden.

Mit einem Mal bemerkt ihr, dass auf dem See, aus der anderen Richtung, etwas auf euch zugleitet. Es ist wieder das Segelboot, doch es sieht irgendwie anders aus, scheint zu strahlen und zu funkeln. Es bleibt bei euch stehen, das Krafttier steigt aus und befestigt das Boot wieder mit dem goldenen Seil am Ufer.

Das Krafttier hat wieder einen Stapel Bücher mitgebracht, den es vor euch hinlegt. In diesen Büchern befindet sich die Vergangenheit, die sich dein Tier gewünscht hätte und die du dir für dein Tier gewünscht hättest. Du betrachtest Fotos eines traumhaften Lebens und spürst, dass sie große Freude verströmen.

Die Bücher klappen nun wie von selbst auf und fröhliche Tiere, Menschen und Spielsachen springen und purzeln heraus. Beobachte, wie sich das Seeufer immer mehr mit Fröhlichkeit füllt. Sieh dich selbst und dein Tier im Kindesalter voller Fröhlichkeit und Freude, sieh euch spielen und tanzen und lachen.

Wenn ihr wollt, begebt euch mitten in die ausgelassene Schar hinein und tanzt, lacht und spielt mit ihnen. Genießt es und spürt hin, wie es sich anfühlt. Nehmt euch Zeit dazu.

Verabschiede dich dann für diesen Moment von deinem Tier. Bedanke dich dafür, dass es diese Reise mit dir gemacht hat. Komme nun langsam mit deiner Aufmerksamkeit wieder in deinen Körper zurück. Spüre deine Arme und deine Beine, bewege sie langsam, nimm den Raum um dich herum wahr und öffne dann langsam in deinem Tempo wieder die Augen.

Auch diese Meditation sollte nicht zu häufig wiederholt werden, da sie kraftvolle Veränderungsprozesse in Gang setzt, die mehrere Wochen lang nachwirken können.

YIN/YANG-HARMONISIERUNG

YIN UND YANG

Yin und Yang sind zwei Begriffe, die aus der chinesischen Philosophie stammen. Es handelt sich um gegensätzliche Prinzipien, welche die Dualität darstellen. Sie entstammen der Naturbeobachtung: der Wechsel von Tag und Nacht, Sonne und Mond, Hitze und Kälte, Feuchtigkeit und Trockenheit, Weichheit und Härte, Weiblichkeit und Männlichkeit. Der Übergang zwischen den beiden Polen ist fließend. Zwischen Tag und Nacht liegt die Dämmerung, zwischen Hitze und Kälte eine ganze Skala gemäßigter Temperaturen. Ying und Yang sind keine Gegner, die beide um die Vorherrschaft kämpfen, sondern sie ergänzen einander und lösen einander ab (wie Tag und Nacht). Jedes hat seine spezifischen Qualitäten und Fähigkeiten. Keines von beiden ist dem anderen in irgendeiner Form überlegen.

EIGENSCHAFTEN DES YIN

weiblich, weich, ruhig, passiv, introvertiert, annehmend (einatmen, einströmen, einfließen, aufnehmen, zuhören, wahrnehmen, ansehen), feucht, dunkel, langsam, klein

Natur: Mond, Nacht, Erde   **Körper:** linke Körperhälfte

EIGENSCHAFTEN DES YANG

männlich, hart, bewegt, aktiv, extrovertiert, von sich gebend (ausatmen, ausströmen, ausfließen, reden, agieren, wahrgenommen werden), trocken, hell, schnell, groß, mächtig

Natur: Sonne, Tag, Himmel   **Körper:** rechte Körperhälfte

DIE „INNERE FRAU" UND DER „INNERE MANN" DER TIERE

Zusätzlich zum Inneren Kind tragen Lebewesen zwei weitere innere Anteile oder Aspekte in sich: den Inneren Mann und die Innere Frau. Bei Tieren kann man von der Inneren Kätzin/dem Inneren Kater, der Inneren Hündin/dem Inneren Rüden, der Inneren Stute/dem Inneren Hengst usw. sprechen, oder einfach vom Yin-Aspekt (weiblich) und vom Yang-Aspekt (männlich).

Aus energetischer Sicht ist kein Männchen nur Männchen, kein Weibchen nur Weibchen. Auch Männchen haben Zeiten, in denen sie anschmiegsam, ruhig, kuschelbedürftig sind. Wenn ein Weibchen ihr Revier oder ihre Jungen verteidigt, dann ist sie extrem im Yang. In jedem Tier sind also zwei Pole erkennbar, ein dominanter, männlicher, dynamischer Pol (Yang) und ein passiver, weiblicher, ruhiger, annehmender Pol (Yin). Je nach Situation kehrt das Tier den einen oder anderen Pol an die Oberfläche.

YIN/YANG-HARMONISIERUNG BEI TIEREN

Yin und Yang sollten bei weiblichen und männlichen Tieren im Gleichgewicht sein. Je nach Lebenssituation (z. B. Weibchen, das gerade Junge zur Welt gebracht hat, oder das Springpferd, das einen Parcours bewältigt), ist einer der beiden Aspekte dominant. Das Tier sollte aber beide Pole leben (können) und nicht einen von beiden dauerhaft unterdrücken.

Da die Tiere ihre Menschen häufig spiegeln und viele Menschen einen der Pole Yin oder Yang bei sich unterdrücken und den anderen überbetonen, kommt es auch bei Tieren oft zu Yin-Yang-Disharmonien.

Häufig zeigt sich die Disharmonie bereits in der Aura- und Chakrenarbeit. Beispielsweise stellen sich die Chakren eines Tieres mit Yin-Yang-Disharmonie manchmal so dar, dass die linke Hälfte des Chakras völlig anders aussieht als die rechte Hälfte. Wenn die Aura nach links oder rechts verschoben ist, dann deutet das ebenfalls auf eine Yin-Yang-Disharmonie hin. Dabei deutet eine Verschiebung der Aura nach links (aus Sicht des Tieres) auf eine Überbetonung des Yin hin und eine Verschiebung nach rechts, dass das Tier stärker seinen männlichen Aspekt (Yang) lebt und die weibliche Seite unterdrückt.

Verletzt sich ein Tier immer auf der linken Körperhälfte oder erkranken vor allem Organe auf der linken Körperseite (z. B. Auge, Ohr, Zähne, Gliedmaßen, Nieren), kann es sich um einen deutlichen Hinweis handeln, dass der innere weibliche Aspekt des Tieres um Hilfe ruft, weil er unterdrückt wird oder ohne den anderen Anteil zurechtkommen muss.

Übung

Schließe deine Augen und nimm ein paar tiefe Atemzüge. Bitte deinen Geistführer, ein Krafttier oder ein Lichtwesen, dich zu unterstützen.

Visualisiere einen Wasserfall aus kristallklarem Licht und stelle dich eine Weile darunter. Das Licht reinigt deine Aura, deine Chakren und fließt auch in deinen Körper hinein. Gib alles an das fließende Licht ab, was dich jetzt belastet.

Stelle dir vor, dass der Licht-Wasserfall sich auch auf den Raum ausdehnt, in dem du dich jetzt befindest. Der Raum wird energetisch gereinigt. Spüre, wie sich seine Energie verändert. Fokussiere dich nun auf das Tier, dessen Yin-Yang-Aspekte du nun kennenlernen möchtest, und lade den weiblichen Anteil, den Yin-Aspekt des Tieres, zu dir unter den Licht-Wasserfall ein. Seine Aura und seine Chakren werden von kristallklarem Licht durchflutet.

Während der Yin-Anteil des Tieres weiterhin unter dem Licht-Wasserfall steht und die reinigende Energie genießt, nimm Kontakt zu ihm auf. Wie sieht er aus? Kommuniziert er mit dir? Wie geht es ihm? Kann er dir sagen, was er braucht?

Nimm alles in Ruhe wahr. Es gibt kein Richtig oder Falsch. Wenn du möchtest, notiere deine Wahrnehmungen. Erkennst du, ob ein Chakra des Yin-Anteils deines Tieres besonders blockiert ist oder eine Auraschicht deine Aufmerksamkeit auf sich zieht?

Stelle dem Yin-Anteil des Tieres nun geistig alles zur Verfügung, was er benötigt. Vielleicht kann er dir genau sagen, was er sich wünscht. Ansonsten versuche, zu erahnen, was ihm gut tun würde. Stelle dir einfach vor, dass der Yin-Anteil des Tieres alles erhält, was er benötigt.

Benötigt ein Chakra oder eine Auraschicht energetische Harmonisierung? Möglicherweise eine bestimmte Farbe, Engelenergie oder ein Krafttier? Stelle ihm geistig alles zur Verfügung.

Nimm auch wahr, ob eine Auraschicht harmonisierende Energien oder eine intensive Reinigung benötigt. Vertraue darauf, dass dir alles zur Verfügung gestellt wird, was du jetzt benötigst. Dein Geistführer, das Lichtwesen oder Krafttier unterstützt dich dabei. Nimm dir Zeit, alles wahrzunehmen und die Energie wirken zu lassen.

Frage den Yin-Aspekt des Tieres nun, ob er dir noch etwas sagen möchte. Wenn du willst, notiere seine Antworten.

Bedanke dich nun beim Yin-Aspekt des Tieres und verabschiede dich von ihm.

Lade nun den Yang-Aspekt des Tieres zu dir unter den Licht-Wasserfall ein. Seine Aura und seine Chakren werden von kristallklarem Licht durchflutet.

Während der Yang-Anteil des Tieres weiterhin unter dem Licht-Wasserfall steht und die reinigende Energie genießt, nimm Kontakt zu ihm auf. Nimm ihn wahr. Wie geht es ihm? Kann er dir sagen, was er braucht? Wenn du möchtest, notiere deine Wahrnehmungen.

Erkennst du, ob ein Chakra des Yang-Anteils deines Tieres besonders blockiert ist oder eine Auraschicht deine Aufmerksamkeit auf sich zieht?

Stelle dem Yang-Anteil des Tieres nun geistig alles zur Verfügung, was er benötigt. Benötigt ein Chakra oder eine Auraschicht energetische Harmonisierung? Möglicherweise eine bestimmte Farbe, Engelenergie oder ein Krafttier? Stelle ihm geistig alles zur Verfügung.

Nimm wahr, ob eine Auraschicht harmonisierende Energien oder eine intensive Reinigung benötigt. Dein Geistführer, das Lichtwesen oder Krafttier unterstützt dich dabei. Nimm dir Zeit, alles wahrzunehmen und die Energie wirken zu lassen.

Frage den Yang-Aspekt des Tieres nun, ob er dir noch etwas mitteilen möchte. Wenn du willst, notiere seine Antworten. Bedanke dich nun beim Yang-Aspekt des Tieres und verabschiede dich von ihm.

Lade nun abschließend das Tier selbst unter den Licht-Wasserfall ein. Frage es, wie es ihm mit seinen harmonisierten weiblichen und männlichen Anteilen nun geht.

Das Tier kann nun noch einige Zeit die reinigende Energie des Licht-Wasserfalls genießen.

Visualisiere eine goldene Kugel um dich und eine goldene Kugel um das Tier und trenne geistig alle Verbindungen, die sich zwischen dir und dem Tier möglicherweise gebildet haben. Stelle dir vor, dass dein Stirnchakra sich wieder ein wenig schließt, so, wie es für dich für den weiteren Verlauf dieses Tages stimmig ist.

Komme dann in deiner Zeit wieder ganz ins Hier und Jetzt zurück.

Wenn man mit den inneren weiblichen und männlichen Anteilen des Tieres energetisch arbeiten möchte, ist es sehr hilfreich, diese bei sich selbst kennengelernt und ins Gleichgewicht gebracht zu haben. Dazu dient folgende Meditation, die zur Selbsterfahrung genutzt werden kann. Es ist auch hilfreich, sie mit Tierbesitzern/Tierbesitzerinnen durchzuführen, deren Innerer Mann und Innere Frau im Ungleichgewicht sind.

ॐ MEDITATION: INNERE FRAU UND INNERER MANN

In dieser Meditation begegnet man dem eigenen Inneren Mann und der Inneren Frau, hat Gelegenheit, wahrzunehmen, wie es ihnen geht, und dann gemeinsam mit Erzengel Chamuel Veränderungen vorzunehmen und alte, nicht mehr benötigte Rollen abzulegen. Anschließend lernen sich die beiden inneren Anteile kennen und erhalten Unterstützung beim Klären ihrer Beziehung.

Nimm ein paar tiefe Atemzüge und spüre, wie du dich immer mehr entspannst. Lasse mit deinem Atem alle Gedanken, belastenden Emotionen und Verspannungen ziehen. Spüre, wie du mit jedem Atemzug mehr in deine Mitte und in deine Kraft gelangst.

Sieh dich jetzt an einem wunderschönen Bergsee stehen. Du atmest die klare, frische Luft tief in deine Lunge und genießt die Stille, die von den Geräuschen der Natur und der Tiere belebt wird. Du siehst einen Spazierweg, der am Ufer des Sees entlangführt. Geh den Weg entlang. Der weiche Boden federt unter deinen Schritten und du spürst, wie du immer mehr eins mit der Natur wirst.

An einer Weggabelung bemerkst du eine Gestalt, die auf dich zukommt. Es geht eine ganz besondere Energie von ihr aus. Kraftvoll und gleichzeitig sanft. Als sie immer näher kommt, bemerkst du auch den rosa Lichtschein, den sie auszustrahlen scheint. Je näher sie kommt, desto mehr wächst die Freude auf eine Begegnung in dir. Schließlich erkennst du die Gestalt. Es ist Erzengel Chamuel. Er geht auf dich zu und ihr begrüßt einander. Erzengel Chamuel lädt dich dazu ein, deinen Spaziergang mit ihm fortzusetzen. Wenn du möchtest, nimm ihn an der Hand und spüre die kraftvolle, schützende Energie, die von ihm ausgeht. Ihr geht den Weg immer weiter, entlang des Sees, bis ihr zu einem mächtigen, alten Baum gelangt.

Stelle dich unter das schützende Dach dieses Baumes. Erzengel Chamuel stellt sich neben dich. Genieße einen Moment die kraftvolle Energie des Baums und die stärkende Energie von Chamuel an deiner Seite.

Erzengel Chamuel lädt dich jetzt dazu ein, deine geistigen Augen zu schließen. Als du sie wieder öffnest, nimmst du wahr, dass du in einem Raum angekommen bist, der grün, rosa und golden leuchtet. Von diesem Raum gehen vier Türen weg. Eine linke, eine rechte, eine mittlere Türe und eine Türe hinter dir. Erzengel Chamuel führt dich in diesem Raum herum. Sieh ihn dir gut an und spüre seine Energie. Es ist dein Herzensraum.

Erzengel Chamuel geht nun mit dir auf die rechte Türe zu. Er öffnet sie und ihr tretet durch. Sieh dich in Ruhe in diesem Raum um. Es ist der Raum deines Inneren Mannes, der sich irgendwo in diesem Raum befindet.

Erzengel Chamuel geht mit dir auf deinen Inneren Mann zu. Sieh ihn dir genau an und spüre hin. Höre hin, ob er dir etwas zu sagen hat. Wie geht es deinem Inneren Mann? Wie ist er gekleidet? Welchen Gesichtsausdruck hat er? Welche Körperhaltung nimmt er ein?

Erzengel Chamuel tritt nun auf ihn zu und beginnt, seine Energie zu harmonisieren. Er legt seine Hände auf verschiedene Stellen am Körper deines Inneren Mannes. Nimm wahr, was sich verändert.

Dein Innerer Mann stellt sich nun in die Mitte des Raumes. Erzengel Chamuel stellt sich neben ihn. Nun betreten einige kleine Engel den Raum und schieben eine große Truhe vor sich her. Du bemerkst, dass es eine Truhe voll mit Kostümen, Perücken, Schminkzeug, Schuhen und Requisiten ist. Wie eine große Theatertruhe.

Lade deinen Inneren Mann nun dazu ein, sich entsprechend einer Rolle zu kleiden und herzurichten, die er schon lange Zeit oder sehr oft eingenommen hat. Vielleicht ist es die Rolle des Vaters, des Heilers, des Rebells, die Täterrolle oder irgendeine andere Rolle.

Lass ihn sich eine Rolle aussuchen, die er besonders oft spielt. Betrachte deinen Inneren Mann mit der Kleidung und der Schminke dieser Rolle. Wie sieht er in der Rolle aus?

Dann lade den Inneren Mann dazu ein, sein Kostüm wieder auszuzuziehen und in eine violette Flamme zu geben, die im Raum entfacht wird. Alles, was nicht mehr zu deinem Inneren Mann und seinem selbst gewählten Weg passt, wird in dieser Flamme transformiert.

Wiederhole dasselbe nun mit einer weiteren Rolle deines Inneren Mannes.

Und nun wiederhole dasselbe mit weiteren Rollen. Nimm die Rollen, die dir spontan einfallen. Vielleicht sind auch Rollen aus früheren Inkarnationen dabei. Lass deinem Inneren Mann Zeit, die Kostüme anzuprobieren und dann in die violette Flamme zu geben, in der sie restlos verbrennen.

Nun betritt ein weiteres Engelwesen den Raum und bringt deinem Inneren Mann neue Kleider und neuen Schmuck. Lass ihn alles anlegen und betrachte ihn in seinen neuen Kleidern, ohne jede Rollenzuschreibung. Kleider, die einfach das ausdrücken, was dein Innerer Mann verkörpert.

Erzengel Chamuel lädt dich und deinen Inneren Mann jetzt dazu ein, den Raum nach Belieben zu gestalten. Dein Innerer Mann braucht sich nur etwas zu wünschen und Erzengel Chamuel setzt es sofort um. Nimm wahr, wie sich der Raum immer mehr verändert.

Verabschiede dich nun für einen Moment von deinem Inneren Mann, verlasse seinen Raum und gehe nun mit Erzengel Chamuel durch die Türe auf der linken Seite.

Sieh dich in Ruhe in diesem Raum um. Es ist der Raum deiner Inneren Frau, die sich irgendwo in diesem Raum befindet. Erzengel Chamuel geht mit dir auf deine Innere Frau zu. Sieh sie dir genau an und spüre hin. Höre hin, ob sie dir etwas zu sagen hat. Wie geht es deiner Inneren Frau? Wie ist sie gekleidet? Welchen Gesichtsausdruck hat sie? Welche Körperhaltung nimmt sie ein? Erzengel Chamuel tritt nun auf sie zu und beginnt, ihre Energie zu harmonisieren. Er legt seine Hände auf verschiedene Stellen am Körper deiner Inneren Frau. Nimm wahr, was geschieht.

Deine Innere Frau stellt sich nun in die Mitte des Raumes. Erzengel Chamuel stellt sich neben sie. Nun betreten wieder einige kleine Engel den Raum und schieben eine große Truhe vor sich her. Du bemerkst, dass es eine Truhe voll mit Kostümen, Perücken, Schminkzeug, Schuhen und Requisiten ist. Wie eine große Theatertruhe.

Lade deine Innere Frau nun dazu ein, sich entsprechend einer Rolle zu kleiden und herzurichten, die sie schon lange Zeit oder sehr oft eingenommen hat. Vielleicht ist es die Rolle der Mutter, der Heilerin, der Helfenden, die Opferrolle oder die Rolle der ständig Gebenden oder irgendeine andere Rolle.

Lass sie sich eine Rolle aussuchen, die sie besonders oft spielt. Betrachte deine Innere Frau mit der Kleidung und der Schminke dieser Rolle. Wie sieht sie in dieser Rolle aus?

Dann lade die Innere Frau dazu ein, ihr Kostüm wieder auszuziehen und in eine violette Flamme zu geben, die im Raum entfacht wird. Alles, was nicht mehr zu deiner Inneren Frau und ihrem selbst gewählten Weg passt, wird in dieser Flamme transformiert.

Wiederhole dasselbe nun mit einer weiteren Rolle deiner Inneren Frau. Und nun wiederhole dasselbe mit weiteren Rollen. Nimm die Rollen, die dir spontan einfallen. Vielleicht sind auch Rollen aus früheren Inkarnationen dabei. Lasse deiner Inneren Frau Zeit, die Kostüme anzuprobieren und dann in die violette Flamme zu geben.

Nun betritt ein weiteres Engelwesen den Raum und bringt deiner Inneren Frau neue Kleider und neuen Schmuck. Lass sie alles anlegen und betrachte sie in ihren neuen Kleidern, ohne jede Rollenzuschreibung. Kleider, die einfach das ausdrücken, was deine Innere Frau verkörpert.

Erzengel Chamuel lädt dich und deine Innere Frau jetzt ebenfalls dazu ein, den Raum nach Belieben zu gestalten. Deine Innere Frau braucht sich nur etwas zu wünschen und Erzengel Chamuel setzt es sofort um. Nimm wahr, wie sich der Raum immer mehr verändert.

Verabschiede dich nun für einen Moment auch von deiner Inneren Frau, verlasse ihren Raum und gehe nun mit Erzengel Chamuel durch die mittlere Türe.

Dies ist der gemeinsame Raum deines Inneren Mannes und deiner Inneren Frau. Der Raum, in dem sie einander begegnen können. Sieh dich in Ruhe in diesem Raum um. Wenn du das Gefühl hast, Veränderungen vornehmen zu wollen, dann tue es mit Hilfe von Erzengel Chamuel.

Du kannst jetzt Erzengel Chamuel bitten, deine Innere Frau und deinen Inneren Mann in diesen Raum einzuladen.

Beobachte ihr Zusammentreffen. Vielleicht beäugen sie einander einige Zeit misstrauisch. Vielleicht haben sie einander einiges zu sagen und vieles zu klären. Vielleicht wollen sie einander auch näher kennenlernen.

Beobachte, wie sich die beiden verhalten. Erzengel Chamuel unterstützt sie bei einer liebevollen Annäherung.

Vielleicht haben die beiden Lust, miteinander zu tanzen. Sieh ihnen dabei zu. Lass den beiden Zeit, einander näher kennenzulernen.

Bedanke dich dann bei deinem Inneren Mann und deiner Inneren Frau. Erzengel Chamuel nimmt dich an der Hand und ihr betretet wieder den Raum, von dem die vier Türen weggehen. Die vierte Türe ist die Türe zum Raum deines Inneren

Kindes. Betritt den Raum. Erzengel Chamuel begleitet dich. Nimm wahr, wie es deinem Inneren Kind geht. Chamuel nimmt es in die Arme, wenn es das möchte, und stellt deinem Inneren Kind nun alles zur Verfügung, was es im Moment benötigt. Langsam verändert sich der Raum deines Inneren Kindes. Einige Lichtwesen betreten den Raum. Sie werden sich nun um dein Inneres Kind kümmern und für es sorgen.

Verabschiede dich langsam von deinem Inneren Kind und frage es, ob es dir noch etwas mitteilen möchte.

Schließe dann deine geistigen Augen. Als du sie öffnest, bist du wieder unter dem alten Baum.

Bedanke dich bei Erzengel Chamuel und verabschiede dich von ihm. Er legt dir zum Abschied seine Hand auf dein Herzchakra und lässt seine kraftvolle Energie hineinfließen.

Komme nun langsam mit deiner Aufmerksamkeit wieder in deinen Körper zurück. Spüre deine Arme und deine Beine, bewege sie langsam, nimm den Raum um dich herum wahr und öffne dann langsam in deinem Tempo wieder die Augen.

Nach dieser Meditation sollte man sich einige Monate Zeit lassen, bevor man sie erneut durchführt. Sie löst meist tief greifende Prozesse aus und führt dazu, dass sich bewusst oder unbewusst ein neuer Umgang mit dem Inneren Mann und der Inneren Frau entwickelt. Meist sehen die beiden Anteile dann vollkommen verändert aus, wenn man sie nach einiger Zeit wieder besucht.

GEISTIGE KÖRPER-ENERGIEARBEIT

Dieses Kapitel behandelt die geistige Energiearbeit mit Körperteilen (z. B. Organen, Gelenken). Es handelt sich dabei um eine Verfeinerung der Aura- und Chakrenarbeit, denn jeder Körperteil besitzt ebenfalls Chakren und alle sieben Auraschichten.

Arbeitet man beispielsweise energetisch mit dem Kniegelenk, kann man alle sieben Auraschichten des Kniegelenks und das Kniechakra selbst wahrnehmen, reinigen und harmonisieren.

Der Körper eines Tieres besteht aus vielen verschiedenen Systemen. Einerseits gibt es energetische Systeme wie das craniosacrale System oder das Meridiansystem. Andererseits existieren viele körperliche Systeme, die ähnlich wie der gesamte Körper des Tieres energetisch wahrgenommen und geheilt werden können.

ENERGETISCHE WAHRNEHMUNG IN KÖRPERSYSTEMEN

Einige körperliche Systeme, mit denen man geistig gut arbeiten kann, sind:

- Organsystem

- Drüsensystem (z. B. Schweiß-, Talg-, Brust-, Speichel-, Bauchspeichel-, Hirnanhang-, Schilddrüse, Eierstöcke, Hoden, Nebenniere)

- Gelenke

- Skelettsystem (Schädel, Wirbelsäule, Knochen, Gelenke)

- Nervensystem (Zentralnervensystem, Gehirn, Rückenmark, peripheres Nervensystem)

- Lymphsystem (inkl. Thymus, Milz, Mandeln, Lymphknoten)

- Blutkreislauf (Herz, Blutgefäße, Arterien, Venen, Blut)

- Immunsystem

- Hormonsystem

- Zellen

- Gewebe (z. B. Haut, Fettgewebe, Sehnen, Knorpelgewebe, Knochengewebe, Muskelgewebe, Nervengewebe)

Diese Systeme können ähnlich abgefragt bzw. wahrgenommen werden wie das Chakren- oder Aurasystem.

WAHRNEHMUNG MIT DEN HÄNDEN

Nachdem man sich energetisch gereinigt, für einen ungestörten Ort und einen klaren Fokus gesorgt hat, hält man eine oder beide Hände entweder in die Aura des Tieres und konzentriert sich dabei auf das System, das man wahrnehmen möchte (z. B. das Skelettsystem) oder streichelt das Tier, wenn es das zulässt. Dabei nimmt man die verschiedenen Empfindungen an unterschiedlichen Stellen des Körpers wahr (z. B. Bauch, Rücken, Beine, Kopf).

Wenn das Tier nicht im Raum anwesend ist, kann man (wie im Kapitel „Feinstoffliche Wahrnehmung" beschrieben) das Tier auch geistig vor sich hinstellen und seinen Körper abtasten. Diese Methode, die sich natürlich auch anwenden lässt, wenn sich das Tier bei einem befindet, hat den Vorteil, dass man zu allen Körperteilen gelangt, auch ins Innere des Körpers. Es ist wichtig, dabei immer hinzuspüren, ob es für das Tier unangenehm ist, auf diese Weise betastet zu werden. In diesem Fall sollte man von einem Fühlen mit den Händen absehen.

WAHRNEHMUNG MIT HILFE ANATOMISCHER ABBILDUNGEN

Für diese Form der Wahrnehmung sucht man sich anatomische Abbildungen des Körpersystems aus dem Internet oder der Literatur heraus, z. B. vom Skelettsystem eines Pferdes. Nun kann man die anatomische Abbildung kurz betrachten, vor das geistige Auge holen (also mit geschlossenen Augen visualisieren) und Lichtwesen, das eigene Höhere Selbst, das Höhere Selbst des Tieres, ein Krafttier oder den Geistführer darum bitten, die erkrankten oder schmerzhaften Stellen zu markieren. Vielleicht mit einem roten Pfeil in Richtung der Stelle, die nicht in Ordnung ist, mit einem farbigen Punkt oder einer bestimmten Farbe.

Wenn man diese Technik häufig übt, kann man sie insofern verfeinern, als man verschiedene Markierungen für bestimmte Probleme entwickelt (z. B. eine rote Markierung für eine Entzündung, eine braune Markierung für Arthrosen, schwarze Sternchen für Schmerzen).

Einige Menschen bevorzugen es, sich auf das Tier einzustimmen, die anatomische Abbildung mit offenen Augen zu betrachten und dann den Finger über das Bild zu bewegen und hinzuspüren, welche Empfindungen an verschiedenen Stellen auftauchen.

BEFRAGUNG DES TIERES AUF SEELENEBENE

Wer sich sehr sicher auf der Seelenebene fühlt, kann das Tier dort auch einfach fragen, welches seiner körperlichen Systeme Blockaden aufweist.

AUFSTELLUNG

Eine weitere Methode zum Erspüren verschiedener Zustände des Körpers des Tieres ist es, die Systeme eines Tieres auf Zettel zu schreiben, sie auf dem Boden zu verteilen und sich dann auf einen Zettel nach dem anderen zu stellen und in sich hineinzuspüren, wie es einem auf den verschiedenen Positionen geht. Man kann auch ein Körpersystem aufstellen, z. B. das Organsystem, indem man auf die Zettel die Namen von Organen schreibt, also Herz, Lunge, Magen, Bauchspeicheldrüse, Eierstöcke usw.

ENERGETISCHE HARMONISIERUNG VON KÖRPERSYSTEMEN

Wenn man einen Körperteil wahrgenommen hat, der sich nicht harmonisch anfühlt (z. B. der Magen), geht man auf ähnliche Weise vor wie bei einem blockierten Chakra:

- Reinigung des Körperteils durch Visualisieren des Licht-Wasserfalls

- Harmonisierung des Körperteils mithilfe von Farben, Lichtwesen, Krafttieren oder einer inneren Reise mit dem Tier (z. B. zum Inneren Kind)

- Stabilisierung des Energiesystems: z. B. Visualisierung einer goldenen Kugel um den Körperteil, goldener Verband, goldene Salbe

Wie bei der Chakrenarbeit empfiehlt es sich, geistig nachzufragen, welche Harmonisierungs- und Stabilisierungsmethode geeignet ist.

SEELISCHE HINTERGRÜNDE KÖRPERLICHER KRANKHEITEN

Detlefsen und Dahlke beschreiben in ihrem Buch „Krankheit als Weg" die Eskalationsstufen von Krankheiten. Dieses Modell ist sehr gut geeignet, die Veränderungen im Energiesystem während des Entstehungsprozesses einer Krankheit zu beschreiben.

Jede Krankheit beginnt in der Psyche, z. B. mit einem Gedanken, einer negativen Einstellung, einem blockierenden Glaubenssatz. In der Aura würde man dies als eine Blockade im Mentalkörper wahrnehmen. Wenn die Blockade in der dritten Auraschicht durch eine Blockade in einer der drei äußeren Schichten verursacht wird, kann man von einer seelischen Ursache (z. B. Karma, Trauma) sprechen. Die Blockade im Mentalkörper bewirkt eine energetische Unterversorgung des Emotionalkörpers an dieser Stelle. Angenommen, der Mentalkörper ist im Bereich des Magens geschwächt, pflanzt sich die Disharmonie Auraschicht für Auraschicht nach innen fort. Dieser Prozess kann wenige Stunden oder viele Jahre dauern, je nach Dynamik. Ist der Emotionalkörper geschwächt, fühlt sich das Tier traurig oder mutlos. Bleibt die Blockade bestehen, bewegt sie sich weiter in den Ätherkörper. Nun spürt das Tier die energetische Unterversorgung körperlich, z. B. durch Magenschmerzen. Medizinisch lässt sich womöglich noch einige Zeit keine Erkrankung feststellen, wenn man den Magen energetisch wahrnimmt, könnte man die Blockade bereits erkennen.

Bleibt der Ätherkörper über längere Zeit im Magenbereich geschwächt, entwickelt der Magen zuerst eine akute Erkrankung (z. B. eine Entzündung). Bei anderen Körperteilen kann es auch zu Verletzungen kommen, durch die die energetische Blockade körperlich manifestiert wird. Besteht die energetische

Unterversorgung längere Zeit weiter, kommt es zu chronischen Prozessen, schließlich zu Organschädigungen, Tumoren oder anderen schweren Erkrankungen, die lebensbedrohlich sein können und im schlimmsten Fall zum Tod des Tieres führen.

Je früher man die energetische Blockade entdeckt, desto einfacher ist sie zu lösen! Sobald eine Erkrankung chronisch wird, ist eine Heilung sehr schwierig. Bei Organschädigungen kann man zwar die Aura des Organs möglicherweise wiederherstellen, das Organ selbst bleibt allerdings häufig geschädigt.

Je nach erkranktem Körperteil und Art der Erkrankung kann auf verschiedene Themen geschlossen werden, die dahinterstehen. Empfehlenswerte Literatur zu den Hintergründen von Krankheiten ist im Anhang angegeben.

Hinweis: Es kann vorkommen, dass eine energetische Blockade unentdeckt bleibt. Man könnte davon sprechen, dass das Tier sie sozusagen „versteckt". Vor allem Katzen sind wahre Meister/Meisterinnen darin, Krankheiten oder energetische Blockaden nicht zu zeigen.

Tiere können die verschiedensten Gründe dafür haben: Manche Tiere möchten nicht, dass tierärztlich eingegriffen wird. Sie haben vor, mit ihrer Erkrankung selbst fertig zu werden, und „möchten" (auf seelischer Ebene) bestimmte Erfahrungen machen bzw. „möchten", dass ihre Menschen diese machen. Manchmal wissen Tiere mehr als wir. Sie verfolgen bestimmte Ziele und ihre Krankheit gehört zum Weg, den sie sich ausgesucht haben.

Es kann aus diesen oder auch anderen Gründen dazu kommen, dass Tiere bestimmte Dinge, die ihren Körper betreffen, verschweigen oder herunterspielen.

Es ist wichtig, vorher zu wissen, dass das geschehen kann und dass es nicht unbedingt am eigenen Können oder der eigenen Intuition liegt, diese Dinge nicht empfangen zu haben. (Natürlich heißt das nicht, dass man nicht auch Fehler in der Wahrnehmung machen kann, zu unkonzentriert ist, manche Dinge selbst nicht sehen möchte oder einfach nicht genug Erfahrung hat!)

Weil es dazu kommen kann, dass Krankheiten oder Verletzungen sich nicht zeigen, ist es wichtig, sich dessen bewusst zu sein, dass die feinstoffliche Wahrnehmung nicht dazu verwendet werden darf, Diagnosen zu stellen, und keinen Tierarztbesuch ersetzt!

Bei der Energiearbeit mit kranken Tieren ist es wichtig, darauf zu achten, Schmerzen des Tieres bzw. energetische Blockaden nicht zu übernehmen. Vor Beginn der Kontaktaufnahme kann man sich dazu in die goldene Kugel hüllen und nach der Energiearbeit trennt man sich sorgfältig vom Tier und schützt sich und das Tier wieder sorgfältig mit goldenen Kugeln und cuttet geistig. Spürt man dennoch Schmerzen des Tieres auch nach dem Trennen vom Tier, ist eine energetische Reinigung empfehlenswert (Licht-Wasserfall oder Räuchern der eigenen Aura).

Die Hintergründe einer Erkrankung oder Verletzung können von Tier zu Tier sehr unterschiedlich sein. Nachschlagewerke der verschiedenen psychosomatischen Bedeutungen sind hilfreich, ersetzen aber nicht das Erfragen der Hintergründe beim jeweiligen Tier. Folgende Meditation bietet dazu wertvolle Unterstützung.

ॐ MEDITATION: HINTERGRÜNDE KÖRPERLICHER SYMPTOME

Bei dieser Reise begegnet man dem Drachen Ission, der nach einer ausführlichen Reinigung des Energiesystems des Tieres dabei hilft, die Hintergründe eines körperlichen Symptoms zu ergründen. Dabei geht man Schicht für Schicht tiefer, bis das Tier von sich aus stoppt. Es ist dabei wichtig, das STOP des Tieres unbedingt zu befolgen, da es ansonsten zu einer Überforderung kommen könnte.

Nimm ein paar tiefe Atemzüge und stelle dir vor, wie du dich mit deinem Atem immer mehr in deinem Körper verankerst. Spüre deinen Körper ganz bewusst und komme mit jedem Atemzug immer mehr zu dir und in dir an.

Spüre deine Beine, ihre Verwurzelung in der Erde. Deine Füße, Unter- und Oberschenkel.

Deine Fußgelenke, Kniegelenke, Hüften, dein Becken. Die Wirbelsäule, die aus deinem Becken emporsteigt.

Deine Muskeln, ihre Anspannung oder Entspannung. Deinen Bauch, deinen Unterleib, deinen Rumpf, deine Rippen, deinen Brustkorb, deinen Hals, Nacken, Kopf, deine Schultern, deine Arme, Hände, Ellbogen.

Nimm deinen Körper einfach wahr, ohne irgendetwas tun zu müssen oder verändern zu wollen.

Vielleicht gibt es Stellen, die sich disharmonisch anfühlen, vielleicht sogar schmerzen, und andere Stellen, die ganz besonders harmonisch sind.

Nimm den Zustand deines Körpers wahr. Und nun spürst du hinter dir eine sehr starke, kraftvolle, lichtvolle Energie. Ein

Drache hat sich hinter dich gestellt und umfängt dich mit seinen Flügeln. Es ist ein starker Schutz, eine sehr starke, kraftvolle Energie, die du um dich spürst. Lasse dich ganz in diese Energie fallen.

Genieße sie. Lasse dich umhüllen. Du spürst, wie du vollkommen geschützt und sicher bist. Der Drache lädt dich ein, deine geistigen Augen zu schließen, und als du sie wieder öffnest, nimmst du eine wunderschöne Landschaft wahr. Du siehst einen See, neben dem ein Wald beginnt. Auf der anderen Seite des Sees nimmst du eine Felswand und den Eingang in eine Höhle wahr. An der Felswand siehst du auch einen wunderschönen, funkelnden Licht-Wasserfall herabfließen.

Der Drache lädt dich jetzt ein, dich unter den Licht-Wasserfall zu stellen und dich von Kopf bis Fuß zu reinigen. Du spürst, wie das Licht deine Haut reinigt. Alle Belastungen dürfen jetzt von dir abfließen. Lasse alles aus deinen Poren fließen, was deinen Körper jetzt schwer macht und belastet.

Lade nun ein Tier zu dir unter den Licht-Wasserfall ein. Vielleicht dein eigenes Tier oder ein Tier, von dem du weißt, dass es ein körperliches Problem hat und Heilungsenergie benötigt. Nimm wahr, welches Tier zu dir kommt. Es stellt sich ebenfalls unter den Licht-Wasserfall und genießt die Energie.

Während ihr unter dem Licht-Wasserfall steht, unterstützt der Drache die Reinigung, indem er eure Haut mit seinen Krallen und seiner Zunge ganz sanft und vorsichtig reinigt. Seine Schuppen polieren eure Haut, bis sie ähnlich wie die Schuppen des Drachen zu glänzen beginnt. Der Drache hilft euch, alle Energien loszulassen, die eure Körper belasten.

Es kann sich um alte Themen handeln, Emotionen, Reste von Nahrungsmitteln, die du und das Tier zu euch genommen habt und die euer Stoffwechsel nicht vollkommen transformieren konnte, Viren, Bakterien oder Pilze. Der Drache unterstützt euch dabei, alles aus euren Organen zu reinigen, indem er ganz sanft mit seinen feinstofflichen Krallen diese Energien aus ihnen herauslöst und dem Wasserfall übergibt.

Er macht das ganz zart und vorsichtig. Du spürst, wie sich nun toxische Stoffe aus dir lösen dürfen und vom Licht-Wasserfall aufgenommen werden.

Alles, was sich aus euren Körpern löst, wird in den See geleitet, der diese Stoffe augenblicklich transformiert. Du siehst im See einige Wasserdrachen schwimmen, die den See dabei unterstützen, alles, was er aufnimmt, wieder in reine Liebe zu verwandeln.

Nun lädt der Drache euch ein, euch nun ebenfalls in den See zu begeben. Ihr könnt entweder an einer seichten Stelle ins Wasser steigen und euch dort aufhalten oder ein paar Runden im See schwimmen. Die Wasserdrachen begleiten euch.

Während ihr schwimmt oder euch im Wasser aufhaltet, reinigen die Wasserdrachen eure Emotionalkörper von Belastungen und auch in euren äußeren Auraschichten werden Themen transformiert, die euch möglicherweise schon lange begleiten. Das Wasser des Sees löst sie restlos auf. Nehmt euch Zeit, die Energie dieses magischen Wassers zu spüren und Liebe und Kraft zu tanken.

Am Ufer des Sees liegt neue Kleidung für dich bereit. Der Drache lädt dich ein, sie anzuziehen, und bittet dich und das Tier, ihm in die Höhle zu folgen.

Dort ist ein gemütlicher Platz für euch zurechtgemacht worden, auf den ihr euch legen könnt. Der Drache lässt sich neben euch nieder und beginnt, zu sprechen: „Mein Name ist Ission. Ich bin ein Drache der Heilung. Du bist heute mit einem Tier zu mir gekommen, dessen Körper im Ungleichgewicht ist. Vielleicht hat es Schmerzen, eine Krankheit oder eine bestimmte Körperstelle, die ihm immer wieder Probleme bereitet.

Hier, in meiner Höhle, hat das Tier die Möglichkeit, sich die Themen, die dahinterstehen, anzusehen und Erkenntnisse darüber zu sammeln, was ihm sein Körper sagen möchte. Ich helfe euch, in Kommunikation mit dem Körper des Tieres zu treten und seine Botschaften zu verstehen und zu entschlüsseln. "

Ission legt nun eine Pranke auf eine Körperstelle des Tieres, die Disharmonien aufweist, und lässt seine machtvolle, kraftvolle Energie einfließen. Die Energie bedingungsloser Liebe und gleichzeitig Entschlossenheit, Mut und bedingungsloses Vertrauen fließen in den Körper des Tieres ein.

Du nimmst nun einen samtenen, schwarzen Vorhang wahr, der geheimnisvoll aussieht. Du weißt mit einem Mal, dass hinter diesem Vorhang ein Schlüssel zum Verständnis des Themas, das hinter dem körperlichen Problem des Tieres steht, auf dich wartet.

Ission stellt sich vor den Vorhang und fragt euch, ob ihr bereit seid, dahinter zu blicken.

Gebt ihm Bescheid. Wenn ihr bereit seid, öffnet er den Vorhang. Er begleitet euch dahinter und ihr könnt euch alles genau ansehen. Vielleicht bedarf es einer Erläuterung dessen, was ihr hinter dem Vorhang wahrnehmt. Dann erklärt euch Ission alles genau. Vielleicht siehst du ein Bild oder ein Symbol, erkennst ein Wesen oder spürst ein bestimmtes Gefühl. Was auch immer du wahrnimmst, Ission hilft dir, es zu verstehen, zu entschlüsseln und auch diese Information mit heilsamer Drachenenergie zu erfüllen.

Nimm dir Zeit, alles wahrzunehmen. Auch das Tier betrachtet alles aufmerksam. Ission erhebt sich nun, geht auf das Bild, das Gefühl, das Symbol oder das Wesen zu, nimmt einen tiefen Atemzug und stößt einen Feuerschwall aus. Er brennt alles nieder, nicht, um es zu vernichten, sondern um ihm die Möglichkeit zu geben, sich zu transformieren. Vielleicht bildet sich etwas Neues aus der Asche, möglicherweise kommt Wind auf und zerstreut die Asche in alle Himmelsrichtungen. Das ist ein Zeichen dafür, dass die Blockade gelöst ist.

Du siehst nun, dass sich hinter dem Vorhang ein weiterer Vorhang befindet.

Ission teilt euch mit, dass hier die nächste Ebene der Blockade zu finden ist, eine weitere Schicht, ein weiterer Aspekt. Und er fragt euch, ob ihr wissen möchtet, was sich hinter dem zweiten Vorhang verbirgt.

Wenn ihr bereit seid, öffnet er ihn. Ihr habt jetzt wieder Zeit, alles zu betrachten und bei Ission nachzufragen, wenn euch etwas unklar ist. Du kannst auch die Wesen befragen, die sich hinter dem Vorhang befinden.

Und dann brennt Ission sie wieder nieder. Nicht in böser Absicht, sondern als Möglichkeit zur vollkommenen Heilung.

Ihr geht nun noch einige Vorhänge weiter. Immer öffnet Ission den Vorhang, wenn ihr dazu bereit seid, lässt euch Zeit, alles genau wahrzunehmen und alle Botschaften zu empfangen, und dann brennt er das, was sich hinter dem Vorhang befindet, nieder. Ihr geht auf diese Weise nun Vorhang für Vorhang weiter. Doch irgendwann steht ihr vor einem Vorhang, der nicht mehr geöffnet werden kann. Das Thema, das sich dahinter befindet, ist zu groß, zu angstbesetzt oder aus irgendwelchen anderen Gründen für euch noch nicht erreichbar.

Ission sagt zu dir: „Hier, an dieser Stelle endet heute unsere Reise. Ihr könnt sie jederzeit wieder machen und sehen, ob ihr das nächste Mal schon weiter gehen könnt. Ob ihr tiefer in das Unterbewusstsein und das Energiesystem vordringen könnt.

Nimm die Gefühle wahr, die du jetzt hast, an dieser Stelle, wo dir der Zutritt zu einem Thema verweigert wird.

Fühlst du dich traurig, ohnmächtig, wütend, im Stich gelassen? Nimm wahr, was nun in dir auftaucht. Auch das Tier spürt in sich hinein.

Und dann lasst euch von mir noch einmal umarmen und ich helfe euch, diese blockierenden Emotionen in Liebe und Annahme aufzulösen. Denn ihr werdet es im Lauf des Lebens immer und immer wieder erleben, dass ihr an manchen Stellen nicht weiter dürft. Dass es eurer Geduld und eures Vertrauens bedarf. Es ist wichtig, zu lernen, manchmal in der Blockade zu verharren, voller Vertrauen, dass Heilung geschieht. Denn Zeit ist ein sehr machtvoller Heiler. Auf der irdischen Ebene existiert sie. Und so, wie das Tier lange Zeit über die Blockade aufgebaut hat, braucht es manchmal Zeit, sie wieder zu lösen. Verzweifelt nicht, verzagt nicht. Vertraut darauf, dass alles genau so geschieht, wie es jetzt gut für euch ist."

Ission berührt noch einmal die Stelle des Körpers des Tieres, die ihm Probleme verursacht, und lässt noch einmal seine kraftvolle Drachenenergie in sie strömen.

Jede Zelle ist eingeladen, goldene, glitzernde, schillernde, regenbogenfarbene Drachen-Energie zu tanken. Das Tier lässt sich in die Umarmung von Ission sinken, voller Vertrauen und Zuversicht, dass hier und jetzt Heilung und Transformation geschehen dürfen.

Verabschiede dich von deinem Tier und bedanke dich bei ihm. Ission bringt euch nun wieder zurück an den Ort, an dem eure Reise begonnen hat. Er bringt dich wieder in diesen Raum, zurück ins Hier und Jetzt. Er verabschiedet sich von dir. Bedanke dich bei ihm und komme in deinem Tempo in deinen Körper zurück und öffne in deiner Zeit wieder deine Augen.

Diese Meditation hat normalerweise eine starke emotionale und körperliche Wirkung. Es kann daher wieder sein, dass das Tier nach der Meditation (oder am nächsten Tag) müde wirkt. Es ist wichtig, ihm dann Ruhe zu gönnen, damit die Selbstheilungskräfte ungestört arbeiten können.

ENERGETISCHE OPERATIONSBEGLEITUNG

Manchmal lässt es sich nicht vermeiden, dass ein Tier operiert wird. Auch wenn man sich vorher die größte Mühe gegeben hat, das Tier energetisch zu unterstützen, ist es wichtig, sich keine Vorwürfe zu machen, etwas übersehen zu haben. Manchmal gehört es auf seelischer Ebene einfach zum Lebensplan des Tieres, dass es medizinische Eingriffe erlebt.

Wie im Kapitel „Das Aurasystem der Tiere" erwähnt, wird bei einem chirurgischen Eingriff die Aura verletzt. Auch andere energetische Systeme des Körpers, vor allem das Meridiansystem und das cranio-sacrale System, können blockiert oder verletzt werden.

Im Idealfall kann man das Tier vor, während und nach der Operation energetisch betreuen. Diese Unterstützung führt dazu, dass das Tier schneller wieder fit ist, die Narkose besser verträgt und der Heilungsprozess schneller und komplikationslos ablaufen kann. (Außer das Tier hat auf Seelenebene andere Pläne, dann kann und darf man nicht eingreifen!)

Eine energetische Operationsbegleitung beginnt mit der energetischen Reinigung der Tierarztpraxis. Immer wieder sterben Tiere während einer Operation und einige Seelen bleiben dann in der Praxis „hängen", wenn sie den Weg ins Licht nicht finden. Schmerzen, Ängste und andere negative Energien können ebenfalls lange in den Räumen zurückbleiben. Man visualisiert also einen Licht-Wasserfall über die gesamte Ordination, am besten schon einige Tage vorher, und bittet darum, dass ein Lichtwesen oder der Geistführer ihn bis nach der Operation aufrechterhält. Zusätzlich kann man Lichtwesen bitten, alle verstorbenen Seelen ins Licht zu führen.

Vor der Narkose stellt man in dem Raum, in dem der Eingriff stattfindet wird, einen Kreis von Lichtwesen oder Krafttieren auf, die während der Operation energetisch für das Tier sorgen. Wenn es das eigene Tier ist, das operiert wird, ist man während des Eingriffs möglicherweise zu aufgeregt oder aufgewühlt, um eine klare Wahrnehmung zu haben. Daher empfiehlt es sich, alles schon am Vortag oder zumindest einige Stunden vor der Operation vorzubereiten.

Bevor das Tier das Narkose-Mittel verabreicht bekommt, hüllt man es in eine stabile goldene Kugel. Dieser Schutz und der Heilkreis der Lichtwesen rund um den Operationstisch sorgen dafür, dass das Energiesystem des Tieres, wenn es während der Narkose aus dem Körper austritt, geschützt und versorgt wird. Ebenso wichtig ist es, dass der Körper durch die goldene Kugel geschützt wird, da er energetisch „leerer" ist als sonst und ohne Schutz Fremdenergien in ihn eintreten können.

Die Lichtwesen kümmern sich während des Eingriffs um das Energiesystem, d. h. man kann es sich symbolisch so vorstellen, dass sie auseinandergeschnittenen Auraschichten „halten", die Enden der Meridiane, die durch das Skalpell durchtrennt wurden.

Wenn die Operationswunde genäht wird, nähen die Lichtwesen die Auraschichten, Meridiane und Chakren ebenfalls wieder zusammen, die durch den Eingriff verletzt wurden.

Anschließend wird die Wunde energetisch mit goldener Salbe eingeschmiert und mit einem goldenen Verband verbunden. Sobald das Tier aus der Narkose aufwacht, kümmern sich die Lichtwesen darum, dass das Energiesystem wieder langsam vollständig in den Körper „eingefädelt" wird.

Ohne diese energetische Unterstützung geschieht es häufig, dass die Tiere noch wochen- oder sogar jahrelang mit auseinander-klaffenden Auraschichten, falsch verlaufenden, weil nicht harmonisch zusammengewachsenen Meridianen oder voller Fremdenergien weiterleben und manchmal bis zu ihrem Tod ihr Energiesystem nicht mehr vollständig in den Körper zurückkehrt. Vor allem bei alten oder körperlich geschwächten Tieren kann das dazu führen, dass ihre Lebenserwartung dadurch drastisch sinkt.

KOMMUNIKATION MIT KÖRPERTEILEN

Wenn Körperteile erkranken oder verletzt werden, ist es für die energetische Unterstützung des Heilungsprozesses eine große Hilfe, zu wissen, welche Themen sie dadurch sichtbar machen.

Zu diesem Zweck kann man bei der Betrachtung der Aura-schichten Erkenntnisse gewinnen oder den Geistführer oder das Tier selbst (auf Seelenebene) dazu befragen. Es gibt jedoch auch die Möglichkeit, mit dem Körperteil direkt in Kontakt zu treten und mit ihm zu kommunizieren.

Dazu dient folgende Meditation, in der man durch Erzengel Raphael darin unterstützt wird, einen Körperteil eines Tieres zu befragen und die Selbstheilungskräfte zu fördern.

5 MEDITATION: KOMMUNIKATION MIT EINEM KÖRPERTEIL

Mache es dir bequem, schließe die Augen und atme ein paar Mal tief ins Becken.

Erlaube dir, völlig zur Ruhe zu kommen. Nimm deinen Atem wahr. Nutze ihn, um ganz zu dir zu kommen.

Auf einmal spürst du hinter dir eine liebevolle Energie. Erzengel Raphael legt seine Hände oder Flügel auf deine Schultern und begrüßt dich.

Der Engel fordert dich dazu auf, ein Tier zu dir einzuladen, von dem du weißt, dass es im Moment körperliche Probleme hat. Nimm wahr, welches Tier erscheint.

Erzengel Raphael nimmt dich an der Hand und beginnt mit dir und dem Tier, einen Weg entlangzugehen. Er führt dich an einen ganz besonderen Ort. Vielleicht geht der Weg nach oben, von der Erde weg, vielleicht führt der Weg immer höher und höher ins Universum. Oder auch immer tiefer in die Erde hinein, Erdschicht um Erdschicht einen Gang hinunter. Oder er führt dich an einen ganz besonderen Ort von sehr hoher Schwingung an einer völlig anderen Stelle. Folge Raphael vertrauensvoll.

An diesem Ort ist eine grüne Decke für das Tier ausgebreitet worden. Es kann sich darauf legen und sich vollkommen entspannen. Für dich wurde ebenfalls ein Platz vorbereitet, von dem aus du das Geschehen beobachten kannst. Raphael legt nun seine Hände oder Flügel auf eine Körperstelle, die dem Tier Probleme bereitet, und lässt Heilungsenergie in sie einfließen. Das Tier kann sich damit aufladen und genießt die Entspannung, die sich in seinem Körper ausbreitet.

Es kommen nun einige Naturwesen oder Engel herbei, die Naturgegenstände mitgebracht haben: Steine, Blumen, Äste,

Wurzeln. Vielleicht tragen sie auch Essenzen, Kräuter und Früchte bei sich, die sie dem Tier nun anbieten. Es kann sie vertrauensvoll zu sich nehmen. Die Wesen haben sie speziell für das Tier ausgewählt. Sie enthalten heilsame Schwingungen. Die Naturgegenstände dekorieren sie um dein Tier herum, vielleicht in einem geometrischen Muster oder scheinbar wahllos. Ihr spürt jedoch, dass die Anordnung eine ganz bestimmte Bedeutung hat, auch wenn ihr sie noch nicht bewusst versteht. Das Tier genießt noch immer die Heilungsenergie von Raphael und die Wirkung der Naturgegenstände und Essenzen.

Raphael fragt das Tier nun, ob es bereit ist, mit dem Körperteil, der ihm Probleme bereitet, Kontakt aufzunehmen. Vielleicht handelt es sich um ein Organ, ein Gelenk, einen Wirbel, eine Bandscheibe, eine Drüse, einen Muskel, ein Band, eine Sehne, die Haut oder einen vollkommen anderen Körperteil.

Wenn das Tier bereit ist, bringen einige Engel eine Bahre in den Heilungsraum. Darauf befindet sich der Körperteil. Vielleicht sieht er anatomisch korrekt aus, vielleicht erscheint er als Symbol, in Tier- oder Menschengestalt. Bleibt ganz offen für die Art, in der sich der Körperteil zu erkennen gibt. Das Tier kann nun langsam Kontakt zu seinem Körperteil aufnehmen. Raphael unterstützt es dabei.

Wenn das Tier es erlaubt, nähere dich ebenfalls der Bahre. Frage den Körperteil, wie es ihm geht. Was er braucht. Was ihr für ihn tun könnt.

Raphael berührt ihn und lässt Heilungsenergie in ihn strömen. Gibt es Lebensumstände des Tieres, die für den Körperteil belastend sind? Handelt es sich um ein Spiegelthema? Wie ist die Beziehung des Körperteils zu anderen Körperteilen, mit denen er zusammenarbeitet, um die Körperfunktionen aufrechtzuerhalten?

Fühlt er sich vom Tier verstanden? Geliebt und gebraucht? Angenommen, so wie er ist?

Wünscht er sich bestimmte Nahrungsmittel oder Heilungsenergien? Braucht er schulmedizinische Unterstützung?

Falls es Konflikte mit anderen Körperteilen gibt, wird Erzengel Michael herbeigerufen, der die Verstrickungen löst. Wenn der Körperteil des Tieres einen Konflikt oder eine energetische Blockade eines Menschen spiegelt, wird ebenfalls gecuttet.

Das Tier hat nun Zeit, sich ausführlich mit seinem Körperteil auszutauschen. Wenn du möchtest, notiere wichtige Stichworte.

Wenn der Körperteil harmonisiert ist, setzt Raphael ihn dem Tier wieder ein. Er verschmilzt mit dem Körper des Tieres. Raphael legt noch einmal seine Hände und Flügel auf die Körperstelle. Das Tier hat nun Zeit, die harmonischen Energien zu genießen und sich ein wenig auszuruhen.

Du entdeckst auf einmal, dass die Naturgegenstände auf der Decke rund um das Tier sich verändert haben. Vielleicht sind einige hinzugekommen und andere verschwunden. Möglicherweise hat sich die Anordnung verändert. Dies symbolisiert die Veränderung, die im Energiesystem des Tieres vonstatten gegangen ist.

Verabschiede und bedanke dich bei den Erzengeln Raphael und Michael und all den anderen Engeln und Naturwesen und bei dem Tier selbst.

Komme nun in deinem Tempo wieder in deinen Körper und in den Raum zurück, in dem du dich befindest. Bewege Arme und Beine und öffne dann in deiner Zeit die Augen.

ENERGIEARBEIT AUF ZELLEBENE

Vor allem bei Zellveränderungen (z. B. Krebs, Tumore, Geschwüre) ist es wichtig, mit einzelnen Zellen zu kommunizieren und energetisch zu arbeiten. Sie haben häufig wesentliche Botschaften.

Die folgende Meditation dient der Kontaktaufnahme mit den Zellen eines erkrankten Organs. Mithilfe von Erzengel Raphael werden sie in der Selbstheilung unterstützt und die Hintergrundthemen der Erkrankung werden energetisch bearbeitet.

 ## MEDITATION: KOMMUNIKATION MIT ZELLEN

Mache es dir bequem, schließe die Augen und atme ein paar Mal tief ins Becken.

Erlaube dir, völlig zur Ruhe zu kommen. Nimm deinen Atem wahr. Nutze ihn, um ganz zu dir zu kommen.

Auf einmal spürst du hinter dir eine liebevolle Energie. Erzengel Raphael legt seine Hände oder Flügel auf deine Schultern und begrüßt dich.

Der Engel fordert dich dazu auf, ein Tier zu dir einzuladen, von dem du weißt, dass es im Moment körperliche Probleme hat. Nimm wahr, welches Tier erscheint.

Erzengel Raphael nimmt dich an der Hand und beginnt mit dir und dem Tier, einen Weg entlangzugehen. Vielleicht kennst du ihn bereits. Er führt an einen ganz besonderen Ort: einen feinstofflichen Heilungsraum. Folgt Raphael vertrauensvoll. An diesem Ort ist wieder eine grüne Decke für das Tier ausgebreitet worden. Es kann sich darauf legen und sich vollkommen entspannen. Für dich wurde ebenfalls ein Platz vorbereitet, von dem aus du das Geschehen beobachten kannst.

Raphael legt nun seine Hände oder Flügel auf ein Organ, das dem Tier Probleme bereitet, und lässt Heilungsenergie in diese Körperstelle einfließen. Das Tier kann sich damit aufladen und genießt die Entspannung, die sich in seinem Körper ausbreitet. Es betreten nun einige Engel den Raum. Sie tragen eine Bahre, auf der die Zelle eines Organs liegt, die sich als Sprecherin zur Verfügung gestellt hat.

Nähert euch der Zelle. Wie sieht sie aus? Wie eine normale Zelle oder wie ein Tier, ein Mensch oder völlig anders? Fragt sie, wie es ihr geht. Was sie braucht. Was ihr für sie tun könnt. Raphael berührt die Zelle, wenn sie es zulässt, und lässt Heilungsenergie in sie strömen. Falls die Zelle keine Berührung zulässt, versorgt er sie aus der Ferne mit allem, was sie zur Heilung benötigt.

Gibt es Lebensumstände des Tieres, die für die Zelle belastend sind? Handelt es sich um ein Spiegelthema? Wie ist die Beziehung der Zelle zu den anderen Zellen im erkrankten Organ? Fühlt sie sich vom Tier verstanden? Geliebt? Gebraucht? Angenommen, so wie sie ist?

Wünscht sie sich bestimmte Nahrungsmittel oder Heilungs-energien? Braucht sie schulmedizinische Unterstützung? Welche Emotionen trägt sie? Was ist in ihr gespeichert? Traumatische Erfahrungen, karmische Themen, seelische Verletzungen?

Der feinstoffliche Heilungsraum, in dem ihr euch befindet, dehnt sich auf einmal aus, er wird so groß wie ein Fußballfeld oder noch größer. Über einem beträchtlichen Teil der Fläche entsteht nun ein Kristallbecken aus Smaragd, das sich langsam mit Wasser füllt. Raphael legt die Zelle behutsam in das Smaragdbecken, wo sie in ihrem Heilungsprozess unterstützt wird. Nun wird eine zweite Zelle aus demselben Organ herein-gebracht. Fragt sie, ob sie ähnliche Emotionen und Themen in sich trägt wie die erste Zelle. Kommuniziert mit ihr, nehmt euch Zeit, sie ebenfalls kennenzulernen. Raphael versorgt auch sie mit Heilungsenergie. Anschließend wird sie von ihm ins Smaragdbecken gelegt.

Viele Engel bringen nun immer schneller weitere Zellen des erkrankten Organs herbei. Raphael und die anderen Lichtwesen kümmern sich um sie. Der Raum füllt sich langsam mit unzähligen Zellen und Engeln. Alle geheilten Zellen werden in das Smaragdbecken gelegt, wo sie sich miteinander verbinden, dem perfekten, göttlichen Bauplan des Organs folgend.

Schließlich ist das Organ im Kristallbecken neu entstanden. Raphael nimmt es heraus und ändert, wenn nötig, seine Größe, sodass es genau in den Körper des Tieres passt. Es verschmilzt mit dem Körper des Tieres.

Raphael legt noch einmal seine Hände und Flügel auf die Körperstelle. Das Tier hat nun Zeit, die harmonischen Energien zu genießen und sich ein wenig auszuruhen.

Verabschiede und bedanke dich bei Erzengel Raphael und all den anderen Engeln und Naturwesen und bei dem Tier.

Komme nun in deinem Tempo wieder in deinen Körper und in den Raum zurück, in dem du dich befindest. Bewege Arme und Beine und öffne dann in deiner Zeit die Augen.

Nach dieser Meditation sollte dem Tier besonders viel Ruhe gegönnt werden, auch wenn es aufgedreht wirken sollte. Die Kommunikation auf Zellebene löst normalerweise seelisch große Heilungsprozesse aus, für die das Tier Zeit benötigt, um sie zuzulassen.

KARMAARBEIT

Karma sind alle Themen (Lernaufgaben, körperliche Schmerzen, Emotionen, Herausforderungen, Erfahrungen, Einstellungen), die aus einem früheren Leben stammen und die sich ein Mensch oder ein Tier in das aktuelle Leben mitgenommen hat, um daran zu wachsen und sich mit ihrer Hilfe spirituell weiterzuentwickeln.

Tiere hätten kein Karma, wenn sie ohne uns Menschen auf der Erde leben würden. Vor allem Haustiere nehmen sich für jede Inkarnation einen ganz schön vollen „Rucksack" mit seelischen Themen mit, die sie in ihrem Leben auf der Erde vorhaben, zu lösen. Durch Verstrickung mit Menschen kann es sein, dass sie in einer tierischen Inkarnation Karma auf sich laden, z. B. ein Pferd, das im Krieg dient und durch seine Loyalität zu seinem Reiter den Tod vieler Menschen verursacht.

Tiere, die in freier Natur leben, bauen kein Karma auf. Es ist daher in den seltensten Fällen notwendig, mit Wildtieren Karmaarbeit zu machen. Meist ist das Karma, das Haustiere mit sich tragen, ein Spiegel für die karmischen Themen ihrer Menschen. Oft handelt es sich um gemeinsame Inkarnationen, in denen Karma angehäuft wurde. Wenn das Tier also auf der Erde inkarniert, um einen Menschen zu treffen, den es bereits aus einer früheren Inkarnation kennt, packt es sich „in seinen Rucksack" die Themen, die mit der gemeinsamen Inkarnation zu tun haben. Viele Menschen werden erst auf Reinkarnationsarbeit aufmerksam und öffnen sich dafür, wenn ihr Tier unter karmischen Blockaden leidet und eine Lösung dieser Themen ihm Erleichterung bringt.

Wie bereits im Kapitel „Das Aurasystem der Tiere" beschrieben, erscheinen karmischen Themen in den drei äußeren Auraschichten:

- seelischer Ätherkörper: Erinnerungen an Verletzungen oder Krankheiten aus einem früheren Leben, z. B. Schussverletzung, Knochenbruch, Tod am Scheiterhaufen

- seelischer Emotionalkörper: Erinnerungen an Emotionen aus früheren Leben, z. B. Ohnmachtsgefühle bei körperlichem oder seelischem Missbrauch, Verzweiflung, Traurigkeit bei Verlust eines geliebten Menschen

- seelischer Mentalkörper: Einstellungen, Glaubenssätze aus früheren Leben, z. B. „Alle Männer sind ...", „Alle Frauen sind ...", Einstellung zur Kirche, zu Obrigkeiten

KARMAFREIHEIT IN DER NEUEN ZEIT

Viele Channelings sprechen davon, dass seit 1987 auf der Erde Karmafreiheit herrscht. In jenem Jahr fand die sogenannte „Harmonische Konvergenz" statt, eine Art Abstimmung auf Seelenebene. Alle Menschen, die 1987 auf der Erde inkarniert waren, wurden dazu befragt, ob sie dafür seien, eine „neue Erde" zu erschaffen, in der eine höhere Schwingung als bisher herrscht, die Menschheit sich spirituell weiterentwickelt und sich darum bemüht, die Erde auf einen neuen Weg zu führen, auf dem achtsamer mit den Ressourcen und allen Lebewesen umgegangen wird.

Die Alternative wäre ein „Weitermachen wie bisher" gewesen, was wahrscheinlich zu einem Untergang der Welt (ähnlich wie bereits einige Male zuvor in Atlantis praktiziert) geführt hätte.

Eine genügend große Anzahl von Menschen hat damals zugestimmt, das Steuer umzulegen und die Erde in eine neue Dimension zu begleiten. Der 21.12.2012 war ein wichtiger Übergang in diese neue Zeit. Doch bereits seit 1987 geht energetisch vieles leichter. Blockaden, die davor Jahre gebraucht hätten, bevor sie sich nur annähernd hätten lösen lassen, verschwinden in der neuen Zeit manchmal innerhalb von wenigen Minuten. Vieles geht sehr einfach. Die höhere Schwingung bewirkt allgemein, dass alles, was man sich vorstellt, schneller und stärker manifestiert wird.

Seit der Harmonischen Konvergenz hat sich die Menschheit spirituell weiterentwickelt (auch wenn es nicht immer so scheint). Dieser Prozess wird Transformationsprozess genannt.

Seit 1987 befinden wir uns im sogenannten Zustand der „Karmafreiheit". Dennoch leiden viele Menschen und Tiere noch unter karmischen Blockaden. Wie kann das sein?

Karmafreiheit bedeutet nicht, dass sich alle karmischen Prägungen von selbst in Luft auflösen, sondern nur, dass es nicht mehr notwendig ist, dass man sie weiter mit sich durch das Leben schleppt. Karmaarbeit ist viel einfacher geworden, durch eine simple Meditation, bei der man ein Lichtwesen um das Lösen einer karmischen Verstrickung, Angst oder Verletzung bittet, können karmische Blockaden häufig schon gelöst werden.

Vor allem bei den Tieren ist die Heilung von karmischen Themen meist sehr einfach. Die Herausforderung besteht eher darin, die Szenen, die die Ursache der Blockade bilden, wahrzunehmen.

In der neuen Zeit ist es nicht zwingend notwendig, sich alle alten Inkarnationen anzusehen und sich noch einmal in alle Schmerzen und negativen Emotionen hineinzubegeben. Manchmal ist es jedoch wichtig, zu wissen, was in einem früheren Leben passiert ist, um Ängste, Verhaltensweisen oder körperliche Schwierigkeiten zu verstehen und zu akzeptieren.

Hunde haben beispielsweise häufig Angst vor Knallkörpern und Donner. Der Ursprung für diese Angst liegt oft in einer negativen Erfahrung im jetzigen Leben (beispielsweise, dass einem Hund einmal ein Knallkörper zwischen die Beine geworfen wurde). Bei einigen Tieren ist jedoch die Angst unerklärbar und auch mit energetischen Hilfsmitteln wie Bachblüten oder homöopathischen Mitteln nicht in den Griff zu bekommen. Karmaarbeit kann hier eine Begründung und einen Weg aus der Angst bieten. Wenn ein Hund z. B. ein Bild aus einem früheren Leben sieht, bei dem er durch eine Bombe im Krieg gestorben ist, kann er seine Angst besser nachvollziehen und unterscheiden lernen, dass ein Gewitter kein Bombenangriff ist.

Neben unerklärlichen Ängsten oder Erkrankungen von Organen haben Verletzungen an Gelenken oft karmische Ursachen. Es geht bei Blockaden aus früheren Leben häufig darum, dass man damals eine Entscheidung getroffen hat, die gegen das eigene Gewissen, gegen die Intuition war. Man hat gehandelt, obwohl man wusste, dass es falsch ist.

Wenn ein Schmerz in einem Gelenk auftritt oder sich ein Tier sogar am Gelenk verletzt, kann es ein Hinweis darauf sein, dass sich eine Situation aus einem früheren Leben wiederholt und es wichtig wäre, anders zu handeln als damals.

VORGEHENSWEISE BEI KARMAARBEIT

Die Vorgehensweise bei Karmaarbeit mit Tieren ist prinzipiell ähnlich der Arbeit mit dem Inneren Kind:

1. Man sieht sich die karmische Erinnerung an und fragt detailliert nach, wer das Tier ist und ob andere Tiere oder Menschen auch in dieser karmischen Erinnerung vorkommen und welche Rolle sie spielen.

2. Man holt das Tier (und seine/n Besitzer/in) mithilfe von Lichtwesen aus der Szene heraus. Alle Verletzungen werden geheilt, wenn nötig, bekommt das Tier neue, perfekte Körperteile eingesetzt. Erzengel Raphael und andere Lichtwesen können zu Heilungszwecken zum Einsatz kommen. Wenn es um körperliche Probleme geht, schenkt man dem Körperteil, um den es geht, besondere Beachtung.

3. Man cuttet zwischen dem Tier (in seiner damaligen Gestalt) und anderen Tieren oder Menschen, die in der Szene vorkommen, vor allem, wenn sie auch in diesem Leben eine Rolle spielen.

4. Man übergibt das Tier (in seiner damaligen Gestalt) einem Lichtwesen. Dieses Wesen kümmert sich um den geheilten Seelenanteil (aus der früheren Inkarnation) und integriert ihn zu einem geeigneten Zeitpunkt ins Energiesystem des Tieres.

Beispiel

Ein Pferd hat schwere Entzündungsschübe in einem Auge. Arbeit in den ersten vier Auraschichten bringt kurzfristigen Erfolg, aber keinen dauerhaften. Es kommt die Information, dass eine karmische Erfahrung in den äußeren drei Auraschichten verborgen ist, die noch nicht aufgelöst wurde. Die Bilder der karmischen Erinnerung sehen so aus, dass ein junger Mann einem Pferd das Auge aussticht. (Hier kann natürlich detailliert nachgefragt werden, welche Informationen alle wichtig sind, vor allem, warum er es getan hat.)

Es stellt sich heraus, das Pferd ist das Pferd mit den Augenproblemen im Hier und Jetzt, der junge Mann ist die Besitzerin im Hier und Jetzt.

Beide werden aus der Situation herausgeholt und das Auge des Pferdes wird wiederhergestellt. In diesem Fall ist dazu ein Austausch des Auges notwendig, d. h. Erzengel Raphael kommt mit einem perfekten, goldenen neuen Auge. Zwischen dem Pferd und dem Mann (beide in der damaligen Gestalt) wird ausführlich gecuttet.

Dann wird das Tier in seiner damaligen Gestalt einem Lichtwesen übergeben. Diese bringen es zum Pferd in der jetzigen Gestalt und die beiden (Pferd in damaliger und jetziger Gestalt) dürfen miteinander verschmelzen. Besondere Beachtung bekommt das Auge.

 # MEDITATION: KARMAREISE MIT EINEM TIER

In folgender Meditation werden einige Szenen aus einer früheren Inkarnation des Tieres betrachtet und geheilt, die das Tier heute belasten. Man kann vor Beginn der Meditation ein körperliches Problem oder eine Angst des Tieres auswählen und sich die Hintergründe dazu ansehen oder ohne ein konkretes Thema in die Reise hineingehen. Der aufgestiegene Meister Sanat Kumara, dessen Hauptthema die Karmafreiheit ist, unterstützt bei der Erlösung aller karmischen Verstrickungen.

Atme tief durch und entspanne dich völlig. Nimm deinen Atem wahr. Atme Entspannung ein und Anspannung aus.

Stelle dir nun vor, dass aus deinem Herzchakra ein goldener Weg emporwächst. Der Weg wächst immer höher und höher, in den Himmel hinein, durch die Wolkendecke hindurch und immer höher und höher in Richtung Universum. Dein Schutzengel nimmt dich an der Hand und du gehst nun völlig sicher und geschützt diesen goldenen Weg hinauf, immer höher und höher, durch die Wolkendecke hindurch und immer höher und höher in Richtung Universum.

Schließlich kommst du zu einem goldenen Tor, das wie von allein aufschwingt. Tritt hindurch. Du gelangst in einen wunderschönen, strahlenden Wolkenraum. Das goldene Tor schwingt hinter dir wieder zu und du machst es dir auf den Wolken gemütlich. Spüre die bedingungslose Liebe, die dieser Raum ausstrahlt.

Du bemerkst, dass sich um dich herum unzählige Engel, aufgestiegene Meister und andere Lichtwesen versammelt haben, die dich liebevoll begleiten und unterstützen möchten.

Aus dem Kreis der lichtvollen Gestalten tritt nun ein Wesen auf dich zu. Es handelt sich um das Tier, mit dem du jetzt eine Reise in ein früheres Leben machen wirst. Begrüße es und nimm wahr, wie es ihm geht. Die Lichtwesen unterstützen es mit ihrer Liebe.

Nun löst sich aus dem Kreis der lichtvollen Wesen eine weitere Gestalt und nähert sich dir ebenfalls. Es handelt sich um den aufgestiegenen Meister Sanat Kumara, dessen Spezialgebiet die Karmaarbeit ist. Du spürst die bedingungslose Liebe und kraftvolle Unterstützung, die von ihm ausgehen.

Sanat Kumara lädt euch ein, ihm zu folgen. Er geht mit euch ans andere Ende des Wolkenraums. Dort entdeckst du eine Türe. Sie sieht geheimnisvoll aus. Sanat Kumara fragt euch, ob ihr bereit seid, euch in ein früheres Leben des Tieres zu begeben. Spürt in euer Herz. Durch eure innere Bereitschaft öffnet sich die Türe schließlich von selbst. Wenn nicht, bleibt noch eine Zeit lang im Wolkenraum und lasst euch von Sanat Kumara darin unterstützen, eure Ängste und Zweifel zu transformieren. Wenn die Türe sich öffnet, tretet hindurch. Sanat Kumara macht euch darauf aufmerksam, dass nur euer Bewusstsein auf

Reisen geht, nicht euer Körper. Solltet ihr euch in einer bedrohlichen Situation wiederfinden, könnt ihr vollkommen beruhigt sein und auf Sanat Kumaras Führung vertrauen. Es kann euch nichts geschehen.

Nehmt nun die Szene wahr, in der ihr gelandet seid. Sind hier Menschen, Tiere oder bestimmte Orte zu erkennen? Nimm wahr, was sich hier abspielt. Wird etwas gesagt oder handeln Personen? Wird etwas geplant oder ausgeführt? Sanat Kumara führt euch von Szene zu Szene. Falls ihr wenig erkennen solltet, erklärt er euch, was sich gerade abspielt. Falls es dunkel ist, schaltet er ein Licht für euch ein. Falls ihr nichts hören solltet, dreht er die Lautstärke höher. Nehmt euch Zeit, alles wahrzunehmen, was wichtig ist.

Lasst euch von Sanat Kumara zeigen, wer die Tiere und Menschen in diesen Szenen im jetzigen Leben des Tieres sind, wenn das von Bedeutung ist. Lasst euch vor allem die damalige Gestalt des Tieres zeigen. War es damals ebenfalls als Tier inkarniert? Wird es verletzt oder sogar getötet? Geschieht eine seelische Verletzung? Wird es betrogen, hintergangen, gequält oder für etwas beschuldigt, was es nicht getan hat? Oder ist es selbst ein Täter, der ein anderes Wesen verletzt oder tötet? Nehmt alles wahr. Es erscheinen nun unzählige Engel, die alle Wesen, die damit einverstanden sind, mit in den Wolkenraum nehmen, um ihre karmische Erinnerung zu heilen. Jedes Wesen wird auf eine Decke oder ein Bett gelegt und ein Engel kümmert sich jeweils um die körperliche und seelische Heilung. Verletzte Körperteile werden geheilt, alle Ängste, Schuldgefühle und Schmerzen werden in Kraft, Vertrauen und Liebe verwandelt. Falls es Verstrickungen zwischen den Seelen gibt, beispielsweise zwischen Opfern und Tätern, werden diese gelöst. Beobachtet besonders, was mit dem Wesen geschieht, in dessen Gestalt das

Tier damals inkarniert war. Sanat Kumara legt seine Hände auf den Körper des Wesens. Es darf nun alles loslassen, was es belastet. Beobachte den Prozess.

Falls das Wesen bereits vollkommen geheilt werden konnte, ist das Tier in seiner jetzigen Gestalt nun eingeladen, das Wesen in sein Energiesystem aufzunehmen. Es verschmilzt mit ihm und damit stehen dem Tier das gesamte Wissen und alle Fähigkeiten aus der damaligen Inkarnation zur Verfügung.

Wenn das Wesen noch Zeit zur Heilung benötigt, kümmert sich ein Engel um den weiteren Prozess. Er wird den Seelenanteil des Tieres in einem geeigneten Moment ins Energiesystem des Tieres integrieren, wenn die Heilung vollständig abgeschlossen ist.

Ebenso kümmern sich die Engel um die anderen Menschen und Tiere, die aus der Szene geholt und geheilt wurden. Langsam leert sich der Wolkenraum wieder.

Sanat Kumara legt zum Abschluss noch einmal seine Hände auf den Körper des Tieres und lässt die Energie des opalfarbenen Strahls, die Energie der Karmafreiheit und Transformation, in den Körper und das Energiesystem des Tieres einfließen.

Bedanke dich bei Sanat Kumara und dem Tier und verabschiede dich langsam von ihnen.

Gehe dann langsam wieder durch das goldene Tor und den goldenen Weg hinab. Tiefer und tiefer führt der Weg, den du mit deinem Schutzengel an der Hand beschreitest. Durch die Wolkendecke hindurch, die Erde kommt immer näher und näher. Gehe tiefer und tiefer, bis du wieder ganz in deinem Herzchakra angelangt bist. Ziehe den goldenen Weg wieder in dein Herzchakra ein und bringe es auf eine normale Größe.

Komme dann in deinem Tempo wieder ganz ins Hier und Jetzt zurück und öffne deine Augen.

MEDITATION: KARMAFERNSEHEN

Auch in der Karmaarbeit ist Selbsterfahrung wichtig. Je mehr man selbst aus den eigenen Inkarnationen weiß und gelöst hat, desto besser kann man ein Tier in der Karmaarbeit unterstützen. Verabsäumt man die eigene Karmaarbeit, kann es sein, dass man bei der Energiearbeit mit den Tieren auf Situationen aus früheren Leben stößt, die man selbst nicht verarbeitet hat und mit denen man nicht gut umgehen kann.

Der aufgestiegene Meister Serapis Bey führt durch diese Reise, bei der auf einer Art Leinwand in frühere Leben geblickt werden kann, als ob man sich einen alten Film ansieht.

Nimm ein paar tiefe Atemzüge und spüre, wie du dich immer mehr entspannst. Lasse mit deinem Atem alle Gedanken, belastenden Emotionen und Verspannungen ziehen. Spüre, wie du mit jedem Atemzug mehr in deine Mitte und in deine Kraft gelangst.

Sieh dich jetzt an einem wunderschönen Bergsee stehen. Du atmest die klare, frische Luft tief in deine Lunge und genießt die Stille, die von den Geräuschen der Natur und der Tiere belebt wird. Du siehst einen Spazierweg, der am Ufer des Sees entlangführt. Geh diesen Weg entlang. Der weiche Boden federt unter deinen Schritten und du spürst, wie du immer mehr eins mit der Natur wirst.

An einer Weggabelung bemerkst du eine Gestalt, die auf dich zukommt. Es geht eine ganz besondere Energie von ihr aus. Kraftvoll und gleichzeitig sanft. Als sie immer näher kommt, bemerkst du auch den weiß-goldenen Lichtschein, den sie auszustrahlen scheint. Je näher sie kommt, desto mehr wächst die Freude auf eine Begegnung in dir. Schließlich erkennst du die Gestalt. Es ist Erzengel Gabriel. Er kommt auf dich zu und ihr begrüßt einander.

Erzengel Gabriel lädt dich dazu ein, deinen Spaziergang mit ihm fortzusetzen. Wenn du möchtest, nimm ihn an der Hand und spüre die kraftvolle, schützende Energie, die von ihm ausgeht. Ihr geht den Weg immer weiter, entlang des Sees.

Schließlich gelangt ihr zum Eingang einer Höhle, aus der ein warmes, einladendes Leuchten dringt. Ihr betretet die Höhle und geht immer tiefer und tiefer hinein. Du fühlst dich dort sicher und völlig geborgen. Ihr kommt in einen gemütlichen Raum, der mit bequemen Kissen ausgelegt ist. Wahrscheinlich kennst du diesen Raum bereits. Erzengel Gabriel lädt dich ein, dich dort niederzulassen.

Er lässt nun einen großen, flachen Kristall in die Höhle bringen. Diesmal siehst du darin allerdings nicht dein eigenes Spiegelbild. Die Oberfläche des Kristalls ist noch trüb, es ist kein Bild erkennbar.

Der aufgestiegene Meister Serapis Bey stellt sich nun hinter dich und legt seine Hände sanft auf deine Schultern. Seine klärende Energie fließt in dich ein. Sie hat die Kraft, selbst die größten karmischen Blockaden und Verstrickungen zu lösen.

Serapis Bey fragt dich, ob du bereit bist, das Geschenk der Karmafreiheit anzunehmen. Spüre in dich hinein. Wenn du bereit bist, fragt dich Erzengel Gabriel, ob es ein körperliches oder emotionales Thema gibt, dessen karmische Ursache du dir gerne ansehen würdest.

Nimm wahr, ob du nun etwas in deinem Körper spürst oder auf einmal an ein Thema denken musst, und sprich einfach aus, was dir gerade in den Sinn kommt. Die Oberfläche des Kristalls beginnt nun, sich zu verändern. Ein Bild erscheint.

Betrachte die Szene, die nun auf der Oberfläche des Kristalls abläuft wie auf einer Kinoleinwand. Du kannst jederzeit mit deinen Gedanken Lautstärke, Helligkeit und Größe des Bildes verändern. Betrachte die Szene von deinem Platz aus, ohne in sie einzusteigen.

Serapis Beys Hände auf deinen Schultern unterstützen dich dabei. Nimm dir Zeit, alles anzusehen, was für dich wichtig ist. Wenn du Fragen hast, werden sie von den beiden Lichtwesen beantwortet.

Serapis Beys Energie der Klärung fließt in alle Bilder und bewirkt Heilung. Alle karmischen Verstrickungen, Ängste und Schuldgefühle dürfen sich nun wie von selbst aus deinem Körper und deinem Energiesystem lösen. Nimm dir Zeit. Spüre die Veränderung. Du bist nun eingeladen, eine weitere Szene zu betrachten. Wieder beantworten Gabriel und Serapis Bey all deine Fragen und unterstützen dich bei deiner Heilung auf allen Ebenen.

Nimm dir Zeit, alles wahrzunehmen, was jetzt wichtig ist. Nun verblassen die Bilder langsam wieder. Erzengel Gabriel führt dich jetzt wieder aus der Höhle hinaus und ihr spaziert noch eine Zeit lang am See. Nimm dir bewusst noch etwas Zeit, die Geschehnisse in Ruhe zu verarbeiten.

Bedanke dich dann bei Erzengel Gabriel und komme langsam und bewusst wieder in deinen Körper zurück, spüre deine Arme und Beine, bewege sie langsam, nimm den Raum um dich herum wahr und öffne dann in deiner Zeit wieder die Augen.

ENERGETISCHE TRAUMAARBEIT

Traumaforschung wurde bisher fast ausschließlich in Bezug auf Menschen betrieben. Bei Tieren finden sich tragischerweise fast nur Forschungen über Labortiere und Tierversuche, bei denen die Traumatisierung von Menschen an Tieren untersucht wurde. Die Neuropsychologie geht davon aus, dass Traumatisierung bei Tieren und Menschen ähnlichen Gesetzmäßigkeiten unterliegt: Der Körper und das Nervensystem von Tieren und Menschen reagieren ähnlich auf ein Trauma.

Es wird daher zuerst auf die Traumapsychologie bei Menschen eingegangen und es werden die Elemente aus der Traumaarbeit beschrieben, die auch bei Tieren anwendbar sind, da es bei Tieren wenig Forschung und Literatur zu diesem Thema gibt.

DEFINITION VON TRAUMA

Von einem Trauma spricht man, wenn ein Ereignis so überwältigend ist, dass die Gesamtheit des Menschen oder Tieres nicht vollständig mit ihm zurechtkommt. Ein Erlebnis, das zwar belastend ist, bei dem aber ausreichend Ressourcen (z. B. Urvertrauen, soziale Unterstützung, innere Ruhe, Stärke) vorhanden sind, um es zu verarbeiten, führt normalerweise zu keinem Trauma.

Typische Ereignisse, die Auslöser für ein Trauma sein können, sind:

- schwere Unfälle
- Naturkatastrophen
- Folterungen
- körperliche Misshandlungen

- psychische Misshandlungen

- sexuelle Übergriffe

Solche Situationen zeichnen sich dadurch aus, dass sich die Menschen (oder Tiere), die mit ihnen konfrontiert sind, bedroht fühlen und befürchten, verletzt oder getötet zu werden.

Nach einem traumatischen Ereignis können zwei psychische Reaktionen auftreten:

- kurzfristige Traumafolgen (bis ca. 6 Monate nach Erlebnis): In der Psychologie spricht man von „akuter Belastungsreaktion".

- langfristige Traumafolgen (ab ca. 6 Monate nach Erlebnis, können das gesamte Leben bestehen bleiben): in der Psychologie „posttraumatische Belastungs-störung" genannt

KURZFRISTIGE TRAUMAFOLGEN

Nach einer traumatischen Erfahrung (z. B. Opfer einer körperlichen Misshandlung zu sein) kommt es häufig zu einer gravierenden zeitlich begrenzten, extremen Stress-Reaktion. Diese akute Belastungsreaktion zeigt sich in folgenden Symptomen, die meist wechseln, aber auch gleichzeitig auftreten können:

- anfänglicher Zustand der Betäubung

- Angst

- Verzweiflung

- Aufgeregtheit, Überaktivität

- Rückzug

Diese Symptome bleiben in manchen Fällen nur Stunden oder Tage bestehen, da sofort ein Selbstheilungsprozess eintritt. In der Traumaforschung am Menschen zeigt sich, dass bei einigen die Symptome viele Monate oder Jahre bestehen bleiben. In diesem Fall spricht man von der posttraumatischen Belastungsstörung.

Aus energetischer Sicht löst sich (ähnlich wie in einer Narkose) in der traumatisierenden Situation ein Teil des Energiesystems vom Körper. Es kommt dazu, dass man „aus sich selbst heraustritt". Dieses Phänomen wird in der Psychologie beschrieben und als Dissoziation bezeichnet. Man beobachtet sich von außen, nicht mehr von innen.

Je länger die Aura nicht in den Körper zurückkehrt, desto gravierender sind normalerweise die Folgen, denn es tritt in dieser Zeit kein Selbstheilungs- oder Verarbeitungsprozess ein. Der Körper ist wie eine „leere Hülle", die zwar weiter funktioniert, sich aber abgestumpft anfühlt. Körperliche Zustände, Gefühle und Gedanken sind wie „in Watte gepackt".

Kurzfristig ist dieser Zustand manchmal wünschenswert, beispielsweise wenn der Körper schwer verletzt ist. Es ist in diesem Fall eine automatische Reaktion des Energiesystems, sich neben den Körper zu stellen und erst, wenn der Körper wieder halbwegs stabil ist, in ihn zurückzukehren.

Wenn ein Tier eine traumatische Situation erlebt, dann ist es von besonderer Bedeutung, dass man das Energiesystem so schnell wie möglich stabilisiert, indem man beispielsweise Körper und Aura in eine goldene Kugel hüllt (gemeinsam). Dann fragt man am besten das Höhere Selbst des Tieres, was es zur Unterstützung der Selbstheilung benötigt, und fragt dann immer wieder (alle paar Stunden) nach, ob es noch etwas braucht und ob die Aura schon mehr „in den Körper eingefädelt" werden kann. Ist das

Tier so weit stabilisiert, dass die Aura wieder komplett mit dem Körper verschmelzen kann, dann sieht es fast so aus, als würde Rauch in einen Behälter aufgesaugt werden. Die Aura verbindet sich wieder mit dem Körper und es sind wieder alle sieben Auraschichten zu erkennen. Nun folgt eine intensive Phase des energetischen Arbeitens, in der alle paar Stunden oder z. B. einmal pro Tag nachgefragt werden sollte, welches Chakra oder welche Auraschicht Unterstützung benötigt. Wichtig ist es auch, das Innere Kind des Tieres in Sicherheit zu bringen, also ihm z. B. eine mütterliche Energie zur Seite zu stellen. Es kann sein, dass im Laufe der Energiearbeit (z. B. einige Tagen nach der traumatischen Situation) karmische Erinnerungen erscheinen, die darauf hinweisen, dass es sich um eine Wiederholung eines Vorfalls aus einem früheren Leben handelt.

Gelingt es dem Energiesystem des Tieres (mit oder ohne energetische Unterstützung), sich selbst zu heilen, klingen die Traumasymptome von allein ab.

Falls die traumatische Situation sehr gravierend oder unerwartet war, besonders lange angedauert hat oder sich sogar wiederholt hat (z. B. wiederholte körperliche Misshandlungen beim Vorbesitzer) bzw. das Tier schon zum Zeitpunkt der Traumatisierung energetisch oder körperlich geschwächt war, dann ist das Risiko erhöht, dass es zu einer posttraumatischen Belastungsstörung kommt.

In der Traumaforschung am Menschen ist man zur Erkenntnis gelangt, dass es von besonderer Bedeutung ist, Erstmaßnahmen zu treffen und direkt nach dem traumatischen Erlebnis zu beginnen, mit den Betroffenen zu sprechen und psychologisch zu arbeiten. Auf Tiere übertragen bedeutet das, dass die Tierkommunikation hier wertvolle Dienste liefern kann. Nach einer energetischen Erstversorgung ist es daher ratsam, mit dem Tier vorsichtig über das Erlebnis zu sprechen und es zu fragen, ob es sich an etwas erinnern möchte und davon berichten will. Es ist wichtig, dass man dabei sehr vorsichtig vorgeht und das Tier nicht mit Schilderungen überfällt. Besser ist es, zuzuhören, für das Tier da zu sein. Nur wenn es Fragen (z. B. zu Fakten) stellt, kann man sie ihm ganz vorsichtig und behutsam beantworten.

LANGFRISTIGE TRAUMAFOLGEN

Auch wenn traumatisierte Menschen optimal erstversorgt werden, klingen nicht bei allen die Symptome nach der akuten Belastungsreaktion ab. Sie können noch Jahre nach der Traumatisierung unter einer posttraumatische Belastungsstörung leiden.

Diese ist charakterisiert durch folgende Symptome:

- Wiedererinnerung: ständige, nicht kontrollierbare Erinnerung oder Wiedererleben der Situation im Gedächtnis (Flashbacks) und/oder in Träumen

- Unruhe, Schreckhaftigkeit, Schlaflosigkeit

- Rückzug

- Vermeidung von Situationen, die an das Trauma erinnern könnten

- Angstzustände

- Depressionen

- Alkoholmissbrauch und Drogenkonsum

- akute Ausbrüche von Angst, Panik, Aggression, ausgelöst durch Auslöser, sogenannte Trigger (z. B. Gerüche, Geräusche)

Diese Symptombeschreibungen beziehen sich auf den Menschen, können aber sinngemäß auch auf Tiere übertragen werden. Anstelle von Alkoholmissbrauch und Drogenkonsum entwickeln Tiere manchmal andere Süchte (z. B. Fressen, Stereotypien wie Weben oder Koppen beim Pferd).

Die langfristigen Traumafolgen können im schlimmsten Fall das gesamte Leben bestehen bleiben.

Hinweis: Bei Tieren, die an langfristigen Traumafolgen leiden, können äußere Trigger (Auslöser) einen innerer Zustand, der mit einer traumatischen Situation verbunden ist, in Erinnerung rufen. Die Trigger können beispielsweise Angst und Panik, aber auch Aggression hervorrufen. Wenn ein Tier einen Trigger hat, der Aggressionen auslöst, ist es besonders wichtig, dass sich die Tierbesitzer/Tierbesitzerinnen kompetente Unterstützung von Tierärzten und Tiertrainern organisieren, da das Triggern von Aggressionen eine große Gefahr darstellen kann.
Das Tier kann bewusst nichts dagegen tun, denn das Auslösen des Triggers findet im Unterbewusstsein statt!

Bei Traumata gilt der Spruch „Zeit heilt alle Wunden" nicht, denn traumatische Erfahrungen bleiben das gesamte Leben im Gehirn gespeichert. Nur die Verarbeitung der Erfahrung kann Heilung bewirken.

Bei den Tieren können vor allem die Tierkommunikation und die Tierenergetik diese Unterstützung bieten, da nur hier die mentale Bearbeitung der Erfahrung möglich ist. Das Tier kann über seine Erlebnisse sprechen und sie damit neu einordnen und lernt, mit ihnen umzugehen.

ENERGETISCHE ANZEICHEN FÜR EINE TRAUMATISIERUNG

Es wurden bereits im Kapitel „das Aurasystem der Tiere" einige Wahrnehmungen in der Aura erwähnt, die auf eine Traumatisierung hindeuten. In folgenden Fällen sollte man mit dem Tier Traumaarbeit machen:

- Aura des Tieres erscheint verschoben, also nicht symmetrisch rund um den Körper sondern nach links oder rechts gekippt oder gezogen.

- Besitzer/Besitzerin erzählt von einer traumatischen Situation.

- Tier deutet eine traumatische Situation an: „Da war etwas, aber ich will nicht darüber sprechen … Es war so schlimm, ich will mich gar nicht daran erinnern …"

- Blockade in seelischen Auraschichten, die nicht karmischer Natur ist.

- Tier erzählt auf Seelenebene von einer traumatischen Erfahrung.

Mit der Zeit bekommt man ein Gefühl dafür, wann es sich um eine Traumatisierung handelt, z. B. ein Flattern in den Ohren, als ob ein Hubschrauber abhebt.

ENERGETISCHE UNTERSTÜTZUNG TRAUMATISIERTER TIERE

Tierkommunikation allein ist meist zu wenig, um einem Tier bei einer massiven Traumatisierung helfen zu können. Energetische Methoden sind hier besonders hilfreich und wirksam und sollten unbedingt zusätzlich zum Gespräch eingesetzt werden.

Es gibt eine wichtige Regel, die in jedem Fall beachtet werden sollte, wenn man mit einem traumatisierten Tier kommuniziert:

Zu Beginn sollte vermieden werden, über das traumatische Ereignis zu sprechen (außer das Tier redet von selbst darüber)!

 Achtung! Zu frühes oder zu schnelles Durcharbeiten einer traumatischen Erfahrung kann im schlimmsten Fall retraumatisierend wirken!

Es sollte erst dann darüber nachgedacht werden, mit dem Tier die traumatische Erfahrung zu besprechen, wenn das Tier genügend Vertrauen hat und bereits längere Zeit in einem stabilen Umfeld ist und sich eingelebt hat.

Wenn ein Tier aus einer traumatischen Situation (z. B. Tötungsstation) gerettet wurde, sollte man mindestens einige Monate warten, bis man das Thema in der Tierkommunikation anschneidet (außer man beginnt direkt nach der Traumatisierung, mit dem Tier zu arbeiten, also einige Stunden oder Tage nach der Situation). Besonders wichtig ist, dass die Person, die mit dem Tier arbeitet, ausreichend Erfahrung mit Traumaarbeit hat und auch über das entsprechende energetische Wissen verfügt.

MEDITATION: HEILUNG ALTER TRAUMATA MIT ERZENGEL URIEL

Diese Meditation bewirkt auf sehr sanfte und doch effektive Weise eine Annäherung an traumatische Situationen. Man fliegt gemeinsam mit Erzengel Uriel und dem Tier in einer Blase zu verschiedenen Lebenssituationen, in denen eine Traumatisierung passiert ist. Das Tier kann sich alles mit Unterstützung des Engels ansehen und die Situationen werden sofort verändert und geheilt. Besonderes Augenmerk liegt wieder in der Heilung des Solarplexus-Chakras.

Nimm ein paar tiefe Atemzüge und spüre, wie du dich immer mehr entspannst. Lasse mit deinem Atem alle Gedanken, belastenden Emotionen und Verspannungen ziehen. Spüre, wie du mit jedem Atemzug mehr in deine Mitte und in deine Kraft gelangst.
Sieh dich jetzt in einer wunderschönen Landschaft stehen. Nimm sie mit allen Sinnen wahr. Sieh die Farben und Formen, die Bewegungen, spüre die Wärme oder Kühle, die Trockenheit oder Feuchtigkeit der Luft, höre die Geräusche der Natur, nimm die Gerüche wahr. Du siehst einen Weg, den du entlangzugehen beginnst. Nimm wahr, wie sich die Umgebung um dich herum verändert, je weiter du in die Landschaft hineingehst. Der weiche Boden federt unter deinen Schritten und du spürst, wie du immer mehr eins mit der Natur wirst. Du gelangst schließlich auf eine weite, offene Fläche, wo eine Gestalt auf dich wartet. Es geht eine ganz besondere Energie von ihr aus. Kraftvoll und gleichzeitig sanft. Als du ihr immer näher kommst, bemerkst du auch den rubinroten Lichtschein, den sie auszustrahlen scheint. Je näher du kommst, desto mehr wächst die Freude auf eine

Begegnung in dir. Schließlich erkennst du die Gestalt. Es ist Erzengel Uriel. Er kommt auf dich zu und ihr begrüßt einander. Du entdeckst ein Tier, das sich euch nähert. Vielleicht ist es dein eigenes Tier oder ein Tier, von dem du weißt, dass es jetzt dringend Hilfe benötigt. Nimm wahr, welches Tier erscheint, und begrüße es.

Erzengel Uriel legt liebevoll je eine Hand oder einen Flügel auf das Solarplexus-Chakra auf Bauch- und Rückenseite des Tieres und lässt seine kraftvolle und lichtvolle Energie in das Chakra einfließen. Die rubinrote Energie schenkt dem Tier Heilung auf allen Ebenen. Uriels Energie hat die Kraft, auch die größten und tiefsten Verletzungen zu heilen, allerdings nur so weit, wie das Tier es in diesem Moment zulässt.

Das Tier kann sich nun vertrauensvoll in die Hände von Erzengel Uriel begeben und zulassen, dass seine Liebe bis in die tiefsten Tiefen seines Solarplexus vordringt und alle Blockaden heilt. Vielleicht tauchen nun Bilder vor deinem geistigen Auge auf, dann lasse sie ganz entspannt erscheinen und wieder ziehen, wie Blätter, die im Wind an dir vorbeiwehen. Nimm dir Zeit dazu und entspanne dich völlig. Du spürst, wie auch das Tier sich nun immer mehr fallen lässt.

Erzengel Uriel lädt dich nun dazu ein, ein paar Mal tief ein- und auszuatmen und mit deinem Ausatmen eine rubinrote Blase entstehen zu lassen. Lasse sie größer und größer werden, bis sie groß genug ist, dass ihr drei in sie eintreten könnt. Du findest eine Türe an einer Seite der Blase und begibst dich mit Erzengel Uriel und dem Tier nun ins Innere. Die Türe schließt sich wieder. Ihr macht es euch im Inneren der Blase gemütlich. Erzengel Uriel spricht nun zu euch: „Geliebter Mensch, geliebtes Tier. Ihr seid heute zu mir gekommen, um Traumaheilung zu erfahren. Ich möchte nun mit euch Situationen besuchen, in denen du, geliebtes Tier, überfordert warst und dein Energiesystem aus deinem Körper ausgetreten ist. Vielleicht sind es Erfahrungen, in denen du verletzt wurdest, beobachtet hast, wie andere verletzt oder getötet wurden, oder es sind Situationen, in denen du dich ohnmächtig gefühlt hast und sehr viel Angst gehabt hast. Wir werden in diese Situationen reisen und sie gemeinsam verändern. Wir werden meine rubinrote Heilungsenergie in diese Szenen lenken, damit sie dein damaliges Ich mit Kraft und Liebe erfüllt. Letztendlich hast du nun die Möglichkeit, deine Vergangenheit in deinem Buch des Lebens umzuschreiben. Ich lade dich ein, dies wirklich zu nutzen." Uriel streichelt das Tier liebevoll und lächelt ihm zu. Beobachte, wie das Tier auf seine Worte reagiert.

Uriel hebt nun eine Hand und diese Bewegung bringt die rubinrote Kugel, in der ihr euch befindet, langsam zum Schweben. Sie schwebt immer höher und höher, du kannst die Landschaft nun von oben erkennen. Ihr schwebt in der Blase über die Landschaft. Du fühlst dich an der Seite von Erzengel Uriel völlig sicher und geborgen. Nimm wahr, wie sich die Landschaft unter dir immer mehr verändert.

Die Kugel verharrt schließlich an einer Stelle knapp über dem Boden und du siehst dich in Ruhe um. Nimm wahr, in welcher Station des Lebens des Tieres ihr angelangt seid. Vielleicht in seiner Kindheit, vielleicht auch vor seiner Geburt, oder in einer Situation, in der es bereits älter war. Ihr nehmt die Szene wahr, ohne emotional in sie einzusteigen. Das Tier kann sich entspannen, denn es befindet sich sicher im Inneren der rubinroten Kugel neben Erzengel Uriel. Uriel lässt nun einen rubinroten Farbstrahl auf den Solarplexus des damaligen Ichs des Tieres leuchten. Das damalige Ich des Tieres kann sich mit dieser Energie völlig aufladen. Sie unterstützt es, sich in dieser Situation besser abzugrenzen und stärker geschützt und verwurzelt zu bleiben. Falls die Aura des damaligen Ichs des Tieres verschoben ist, bewirkt der rubinrote Strahl eine Zentrierung der Energie. Die Aura kehrt langsam wieder in die richtige Position zurück. Rund um den Kausalkörper, die äußerste Auraschicht, bildet sich eine rubinrot-goldene Kugel, die die Aura an ihrem Platz verankert.

Beobachte, wie sich die Szene langsam verändert. Vielleicht hat das Tier auch das Bedürfnis, etwas zu sagen oder etwas an der Situation zu ändern.

Uriel setzt alles sofort um, was das Tier verändern möchte. Möglicherweise will es Personen oder andere Tiere aus der Szene entfernen oder auch das gesamte Ereignis anders ablaufen lassen. Vielleicht wünscht es sich einen Menschen oder ein starkes Tier oder ein Lichtwesen, das in die Szene eingreift. Das Tier hat nun Zeit, alles in Ruhe zu verändern.

Seht euch die veränderte Szene nun noch einmal an. Langsam beginnt die Kugel, sich nun wieder in Bewegung zu setzen. Sie schwebt immer höher und höher, du kannst die Landschaft nun wieder von oben erkennen. Nimm wahr, wie sich die Landschaft erneut verändert. Die Kugel verharrt schließlich wieder an einer Stelle knapp über dem Boden und ihr seht euch in Ruhe um. Nimm wahr, in welcher Station des Lebens des Tieres ihr nun angelangt seid. Ihr nehmt die Situation aus dem Inneren der rubinroten Kugel wahr. Erzengel Uriel lässt nun abermals einen rubinroten Farbstrahl auf den Solarplexus des damaligen Ichs des Tieres leuchten. Das damalige Ich des Tieres kann sich mit dieser Energie völlig aufladen. Falls die Aura verschoben ist, kehrt sie wieder an ihren Platz zurück und wird dort verankert. Beobachtet, wie sich die Szene langsam verändert. Seht euch die veränderte Szene noch einmal an. Langsam beginnt die Kugel, sich nun wieder in Bewegung zu setzen. Ihr wiederholt dies nun noch mit weiteren Situationen aus dem Leben des Tieres. Nehmt euch Zeit dazu und lasst die rubinrote Energie so lange in die damaligen Ichs des Tieres fließen, bis sie ganz davon aufgeladen sind.

Die Kugel kehrt nun wieder an den Ausgangspunkt zurück. Sanft landet ihr wieder auf der Erde. Die Türe öffnet sich und du trittst mit Erzengel Uriel und dem Tier hinaus. Uriel legt nun noch einmal beide Hände auf den Solarplexus des Tieres und erfüllt es noch einmal mit der rubinroten Heilungsenergie. Das Tier kann es einfach geschehen lassen und die Energie genießen. Erzengel Uriel rückt auch die Aura des Tieres zurecht, falls sie verschoben ist, und stabilisiert sie mit einer rubinrot-goldenen, schützenden Hülle.

Bedankt euch anschließend bei Erzengel Uriel, der immer für euch da ist, wenn ihr seine Energie benötigt. Ihr braucht ihn nur zu bitten. Verabschiede dich dann von Erzengel Uriel und dem Tier. Bedanke dich bei deinem Tier.

Komme nun langsam mit deiner Aufmerksamkeit wieder in deinen Körper zurück. Spüre deine Arme und deine Beine, bewege sie langsam, nimm den Raum um dich herum wahr und öffne dann langsam in deinem Tempo wieder die Augen.

Auch nach dieser Meditation kann das Tier Reaktionen wie Müdigkeit oder Unruhe zeigen. Falls die Unruhe vorherrschend ist, kann man das Tier geistig in eine goldene Kugel hüllen und ihm die Möglichkeit geben, sich körperlich zu betätigen. Es handelt sich bei den Reaktionen um reine Heilungsreaktionen. Es ist ein gutes Zeichen, wenn das Tier sich nach der Meditation „seltsam" verhält. Dann passt sich das Energiesystem wahrscheinlich gerade an die Veränderungen an.

ENERGIEARBEIT MIT KOMPLEXEN FÄLLEN

Wenn ein Tier sehr belastet und/oder krank ist, sind die Themen, mit denen man konfrontiert wird, manchmal unüberschaubar. Es kann hier nach folgendem Ablauf vorgegangen werden:

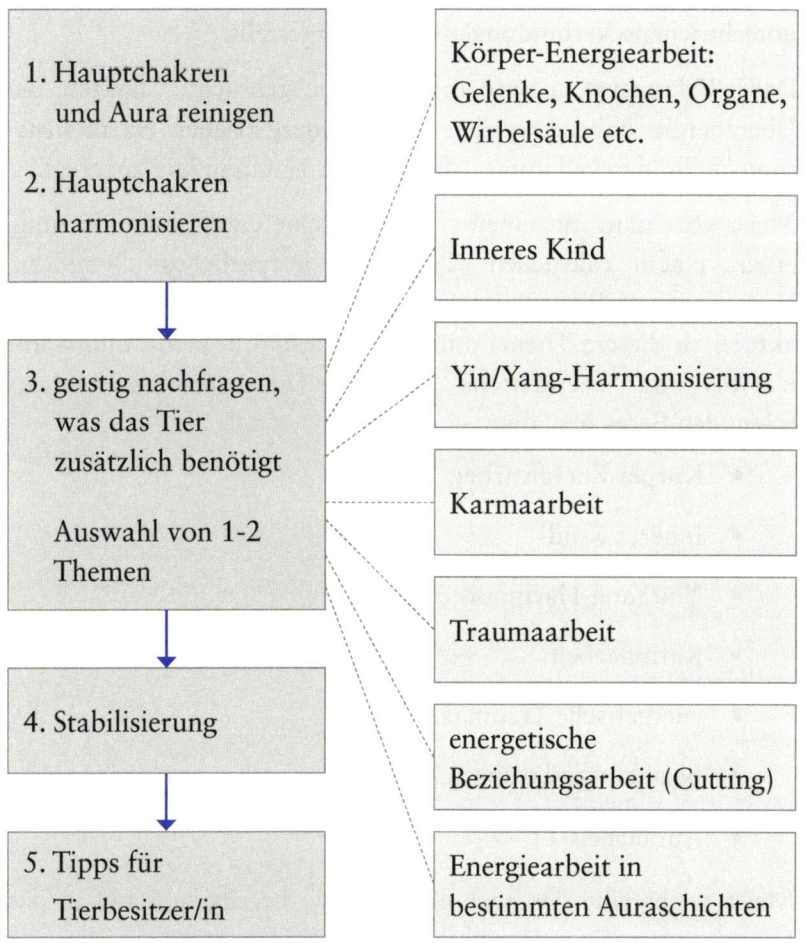

Abbildung 16

Der erste Schritt ist immer die energetische Reinigung. Dabei kann sich schon einiges wie von selbst lösen. Die Blockaden, die nicht extra betrachtet werden müssen, bei denen keine Erkenntnis notwendig ist, werden aus dem Energiesystem entfernt.

Danach geht man die Hauptchakren durch und nimmt wahr, ob Harmonie herrscht oder Chakren blockiert sind. Die Chakrenverbindungen werden betrachtet, Knoten gelöst und unterbrochene Verbindungen wiederhergestellt.

Das Chakrensystem wird in Harmonie gebracht. Chakren, die Überenergie haben, werden mittels energetischer Harmonisierungsmethoden gedämpft, Chakren mit Unterenergie angeregt.

Meist geht man mit einem Thema in eine energetische Sitzung, etwa einem aktuellen Problem (körperliches Symptom, Verhaltensauffälligkeit des Tieres). Man fragt nun, was das Tier aktuell zu diesem Thema am notwendigsten braucht, und wählt ein bis zwei energetische Techniken/Herangehensweisen aus folgenden Bereichen aus:

- Körper-Energiearbeit

- Inneres Kind

- Yin/Yang-Harmonisierung

- Karmaarbeit

- energetische Traumaarbeit

- Beziehungsklärung (Cutting)

- Auraarbeit

Meist reicht eine der Techniken, da sie bereits sehr tief in das Energiesystem eingreifen und große Veränderungen bewirken.

Es kann auch ohne konkretes Thema mit einem Tier gearbeitet werden. In diesem Fall fragt man das Tier, welche Blockaden man im Moment genauer betrachten sollte. Das Gesamtsystem ist so komplex, die Themen und Blockaden sind so umfangreich, dass man sich tagelang damit beschäftigen könnte und immer noch mehr finden würde.

Bei der Energiearbeit in den unterschiedlichen Bereichen ist es besonders hilfreich, mit dem Tier innere Reisen zu machen. Dazu eignen sich insbesondere folgende:

KÖRPER-ENERGIEARBEIT

INNERES KIND

KARMAARBEIT

ENERGETISCHE TRAUMAARBEIT

BEZIEHUNGSKLÄRUNG (CUTTING)

AURAARBEIT

Es ist immer möglich, wenn etwas unklar ist, auf die Seelenebene zu reisen und dort das eigene Höhere Selbst, den Geistführer oder das Tier zu fragen, was zu tun ist.

VERBESSERUNG DER FEINSTOFFLICHEN WAHRNEHMUNG

Die Wahrnehmung feinstofflicher Energien ist Übungssache. Je mehr man sich damit beschäftigt, desto mehr wachsen die Intuition und die Wahrnehmungsfähigkeit.

Dennoch kann es sein, dass man plötzlich auf der Stelle zu treten scheint und den Eindruck hat, nicht mehr weiterzukommen. Solche Phasen sind völlig normal, es gilt dann einfach, durchzuhalten, weiter zu üben und auf den nächsten Durchbruch zu warten. Es ist eine Art Geduldsprobe, die Frage der eigenen Seele, ob man wirklich möchte, was man anstrebt.

Es kann jedoch sein, dass man an einer Stelle angelangt ist, an der eine alte Erfahrung (z. B. aus der Kindheit) die Weiterentwicklung der feinstofflichen Wahrnehmung blockiert. Wie bereits erwähnt, nehmen Kinder alle feinstofflichen Energien um sie herum wahr. Wenn sie etwas entdecken, was sie erschreckt, oder sie sich den Energien um sich herum ausgeliefert fühlen und sich vor ihnen zu fürchten beginnen, kann dies massive Blockaden im Dritten Auge verursachen. Möchte man diese lösen, bedarf es einiger Selbsterfahrung.

Besonders hilfreich ist der Kontakt zum eigenen Höheren Selbst und zum Geistführer, die einem alle Fragen zu Blockaden beantworten können.

Die folgenden Meditationen bieten die Möglichkeit, die Ursache für Wahrnehmungsblockaden herauszufinden und die Blockaden zu lösen. Sollte es auf dem Weg der Selbsterfahrung nicht möglich sein, empfiehlt es sich, die Hilfe einer erfahrenen Person, die Aura- und Chakrenarbeit am Menschen praktiziert, in Anspruch zu nehmen. Manchmal erkennt man nämlich bei sich selbst das sprichwörtliche „Brett vor dem Kopf" weitaus schwerer als bei anderen.

 ## MEDITATION: HÖHERES SELBST

Bei dieser Begegnung mit dem Höheren Selbst werden die eigenen Chakren und Auraschichten harmonisiert und das Höhere Selbst gibt einem Auskunft darüber, wo man die feinstoffliche Wahrnehmung noch blockiert und was man tun kann, um sie zu aktivieren.

Nimm ein paar tiefe Atemzüge und spüre, wie du dich immer mehr entspannst. Lasse mit deinem Atem alle Gedanken, belastenden Emotionen und Verspannungen ziehen. Spüre, wie du mit jedem Atemzug mehr in deine Mitte und in deine Kraft gelangst.

Stelle dir nun vor, dass aus deinem Herzchakra ein goldener Weg emporwächst. Der Weg wächst immer höher und höher, in den Himmel hinein, durch die Wolkendecke hindurch und immer höher und höher in Richtung Universum.

Dein Schutzengel nimmt dich an der Hand und du gehst nun völlig sicher und geschützt diesen goldenen Weg hinauf, immer höher und höher, durch die Wolkendecke hindurch und immer höher und höher in Richtung Universum.

Schließlich kommst du zu einem goldenen Tor, das wie von allein aufschwingt. Tritt hindurch. Du gelangst in einen wunderschönen, strahlenden Wolkenraum. Das goldene Tor schwingt hinter dir wieder zu und du machst es dir auf den Wolken gemütlich. Spüre das Strahlen und die bedingungslose Liebe, die dieser Raum ausstrahlt. Du bemerkst, dass sich um dich herum unzählige Engel, aufgestiegene Meister, Einhörner und andere Lichtwesen versammelt haben, die dich liebevoll begleiten und unterstützen wollen.

Aus dem Kreis der lichtvollen Gestalten tritt nun dein Geistführer auf dich zu. Er sieht dich liebevoll an und ergreift deine Hand. Du spürst die bedingungslose Liebe und die kraftvolle Unterstützung, die von ihm ausgehen. Nun löst sich aus dem Kreis der lichtvollen Wesen eine weitere Gestalt und tritt auf dich zu. Du spürst, welche Kraft und gleichzeitig Sanftheit sie ausstrahlt. Es ist dein Höheres Selbst, dein innerer göttlicher Kern. Dein Höheres Selbst ist ein weises, wunderschönes Wesen, das dir sehr vertraut ist.

Dein Höheres Selbst blickt dich liebevoll an und ergreift deine andere Hand. Du spürst die bedingungslose Liebe und die kraftvolle Unterstützung, die von ihm ausgehen.

Visualisiere nun einen starken Lichtstrahl oder Lichtkanal, der dich, dein Höheres Selbst und deinen Geistführer mit dem Licht des göttlichen Ursprungs durchflutet. Genieße diese Energie eine Zeit lang.

Dein Geistführer und dein Höheres Selbst führen dich nun zu einer wunderschönen, flauschigen, weißen Sitzgelegenheit, die ganz aus Wolken gemacht ist. Setze dich darauf, spüre, wie sie sich ganz den Konturen deines Körpers anpasst, und entspanne dich völlig.

Dein Höheres Selbst tritt nun auf dich zu. Es harmonisiert deine Aura und deine Chakren. Nimm wahr, wie alles gereinigt wird, was nicht mehr zu dir und deinem selbst gewählten Weg passt, und alles transformiert wird, was in diesem Moment dazu bereit ist.

Du hast nun die Möglichkeit, deinem Höheren Selbst einige Fragen zu stellen. Du kannst es alles fragen, was im Moment für dich, deine Entwicklung, deinen Weg, aber auch für deine

Tiere wichtig ist. Wenn du möchtest, frage es, wie du deine fein-stoffliche Wahrnehmung noch weiter verbessern kannst, wo du dir selbst noch im Weg stehst und dich blockierst.

Nimm seine Antworten mit deinen Hellsinnen wahr. Wenn du möchtest, notiere seine Antworten. Lass dir Zeit dazu. Bedanke dich anschließend bei ihm.

Genieße noch einen Moment die Anwesenheit all der Lichtwesen, deines Höheren Selbst und deines Geistführers, die für dich da sind, die du immer um Hilfe und um Rat fragen kannst. Bedanke dich bei ihnen.

Gehe dann langsam wieder durch das goldene Tor und den goldenen Weg hinab. Tiefer und tiefer führt der Weg, den du mit deinem Schutzengel an der Hand beschreitest. Durch die Wolkendecke hindurch, die Erde kommt immer näher und näher. Gehe tiefer und tiefer, bis du wieder ganz in deinem Herzchakra angelangt bist. Ziehe den goldenen Weg wieder in dein Herzchakra ein und bringe es auf eine normale Größe.

Komme dann in deinem Tempo wieder ganz ins Hier und Jetzt zurück und öffne deine Augen.

AKTIVIERUNG WEITERER HELLSINNE

Wie bereits im Kapitel „Feinstoffliche Wahrnehmung" erwähnt, haben die meisten einen Hellsinn, der für sie besonders deutlich ist, auf den sie von Anfang an am meisten vertrauen können. Bei vielen ist es das Sehen oder das Fühlen. Wenn man mit fremden Tieren arbeitet und den Tierbesitzern/Tierbesitzerinnen verbal Feedback über die Wahrnehmungen geben möchte, ist es um vieles einfacher, verbale Inhalte wiederzugeben als Bilder oder Gefühle. Viele haben daher früher oder später den Wunsch, ihr Hellhören oder Hellwissen zu aktivieren. Andere wünschen sich Bilder, weil diese meist in der Energiearbeit beim Lösen von Blockaden sehr deutlich sind. Andere möchten unbedingt das Hellfühlen entwickeln. Meist möchte man das, was man nicht so gut kann. Das ist nicht anders als in anderen Bereichen des Lebens.

Wenn man also einen bestimmten Hellsinn weiterentwickeln möchte, dann ist es zielführend, zu erkennen, warum man diesen Hellsinn blockiert. Denn ein Baby hat alle Hellsinne zur Verfügung. Wenn ihm etwas zu viel wird, blockiert es die entsprechenden feinstofflichen Kanäle. Es gilt, die Ursache für die Blockade zu finden, um sie zu lösen. Häufig ist es eine Angst davor, etwas wahrzunehmen, das einen überfordern würde (etwa verstorbene Seelen).

Der erste Schritt zur Entwicklung weiterer Hellsinne ist, sich bewusst auf sie zu konzentrieren. Ähnlich wie ein Muskel, den man nie nützt, ziehen sich die Wahrnehmungskanäle zurück, auf die man nicht zurückgreift. Es ist ein wenig, als wolle man die linke Hand trainieren und versteckt daher die rechte bewusst hinter dem Rücken.

Übung

Stimme dich ein und konzentriere dich dann auf ein Chakra oder eine Auraschicht des Tieres. Versuche, die feinstofflichen Energien mit einem bestimmten Hellsinn wahrzunehmen, den du trainieren möchtest. Lasse dir Zeit, warte bewusst auf kleinste Wahrnehmungen. Mache diese Übung während mehrerer Wochen täglich für ein paar Minuten.

Falls man bei dieser Übung auch nach mehreren Versuchen keine Wahrnehmung mit dem gewünschten Hellsinn zustande bringt, gibt es einen bewährten Trick: Man stellt sich etwas vor (z. B. etwas zum Essen, einen Ort, die eigene Wohnung) und konzentriert sich bewusst auf den Hellsinn, den man entwickeln möchte. Man wartet also nicht auf eine Wahrnehmung, sondern konstruiert sie bewusst. Wenn man beispielsweise Hellschmecken üben möchte, konzentriert man sich auf etwas, das man gerne isst, und stellt sich bewusst den Geschmack vor. Auch in Meditationen kann man sich die Orte, an die man reist, mit bestimmten Hellsinnen vorstellen, indem man diese Wahrnehmungsinhalte konstruiert.

Folgende Übungen eignen sich besonders dazu, spezielle Hellsinne zu erwecken oder zu erweitern:

- **Hellfühlen:** Man nimmt einen Kristall in die Hand, schließt die Augen und spürt einige Minuten bewusst, welche Empfindungen seine Energie im eigenen Körper auslöst.

- **Hellsehen mit offenen Augen:** Man hält eine Pflanze vor eine weiße Wand und übt das Sehen der Aura.

- **Hellwissen:** Dazu benötigt man einen Übungspartner/ eine Übungspartnerin, den/die man bittet, einem ein Buch zu reichen, ohne zu schauen, um welches Buch es sich handelt. Idealerweise kennt man es überhaupt nicht. Man hält das Buch dann mit geschlossenen Augen einige Minuten in der Hand und fühlt sich in den Inhalt ein bzw. stellt sich vor, die Informationen feinstofflich zu „lesen".

- **Hellsehen mit geschlossenen Augen:** Dazu benötigt man ebenfalls jemanden, der einige Bilder aus dem Internet ausdruckt und in Kuverts gibt. Dann nimmt man eines der Kuverts in die Hand, schließt die Augen und „sieht" sich den Inhalt mit dem dritten Auge an, man bittet also um ein geistiges Bild des Inhalts des Kuverts.

- **Alle Hellsinne:** Man nimmt ein Kartenset (z. B. Engelkarten, Krafttierkarten) und zieht verdeckt eine Karte, nimmt sie in die Hand und nimmt dann (mit geschlossenen Augen) mit allen Sinnen wahr, welchen Inhalt die Karte hat.

Folgende Meditationen sollen dazu dienen, die verschiedenen Hellsinne zu verstärken oder zu wecken, indem energetische Blockaden gelöst werden, die die umfassende Wahrnehmung möglicherweise behindern:

MEDITATION: HELLHÖREN

Hellhören ist besonders nützlich, wenn man Botschaften des Inneren Kindes oder anderer Innerer Anteile von Tieren empfangen möchte. Das Kommunizieren mit Organen und Zellen sowie mit dem Höheren Selbst oder Geistführer geht viel einfacher, wenn dieser Hellsinn aktiviert ist. Bilder und Gefühle können oft sehr unklar sein, eine wörtliche Botschaft oder ein Dialog, den man führen kann, lässt meist weniger Interpretationsspielraum übrig.

Das Hören ist ein Sinn, der ganz besonders starke Emotionen auszulösen scheint. Häufig blockieren Kinder das Hellhören, weil sie die Gedanken, Ängste und Zweifel der Erwachsenen, der anderen Kinder und der Tiere um sie herum belasten. Auch negative Informationen, etwa aus Medien, können Kinder über das

Hellhören wahrnehmen. Die folgende Meditation dient dazu, all diese Überforderung im feinstofflichen Gehörzentrum zu heilen.

Mache es dir bequem, entspanne dich, komme ganz in dir an. Nimm ein paar tiefe Atemzüge und spüre, wie dein Atem dir dabei hilft, deine Energie in deinem Körper zu zentrieren. Alle Energie-Anteile von dir, die sich im Moment an anderen Orten befinden, kehren jetzt zu dir zurück. Vielleicht handelt es sich bei diesen Anteilen um Aufmerksamkeit, die bei anderen Personen ist. Alle Energie, die an verschiedenen Orten verstreut ist, kehrt jetzt zu dir zurück. Du ziehst sie an wie ein Magnet und spürst, wie sich dein Körper immer mehr mit Energie füllt und deine Aura immer kompakter und energiegeladener wird. Sei dir immer bewusst, dass du auch dann, wenn du das Gefühl hast, nichts wahrzunehmen, keine inneren Bilder oder Gefühle zu haben, dennoch darauf vertrauen kannst, dass du unterstützt und geführt wirst und Heilungsprozesse ganz von selbst, ohne dein Zutun, geschehen dürfen.

Komme ganz zu dir. Nimm deinen Körper, deine Gedanken, deine Gefühle wahr. Nimm alles an, was jetzt bei dir ist, unabhängig davon, ob du es als „positiv" oder „negativ" bewertest. Stelle dir nun vor, wie alles, was du in diesem Moment nicht benötigst, was deine Konzentration auf deine innere Reise beeinträchtigt, wie von selbst, ganz sanft mit deinem Ausatmen aus dir hinausfließen darf. Ohne Anstrengung, ohne Willenskraft. Stelle dir einfach vor, wie es von selbst aus dir hinausfließt. Lichtkanal, der alles, was sich jetzt aus dir herauslöst, in reines Licht verwandelt. Und der auch dich und dein gesamtes Energiesystem, deinen gesamten Körper, dein Gefühlsleben und deine Gedanken reinigt. Alles, was in dir noch nicht im Fluss ist, wird nun zum Fließen gebracht. Dein Körper und dein Energiesystem beginnen, zu schwingen. Widerstände und Blockaden lösen sich wie von selbst in diesem Lichtkanal auf. Und du spürst nun für einen Moment oder auch länger, wie es ist, dich ganz dem Fluss deines Lebens hinzugeben.

Du nimmst nun die Präsenz eines wunderschönen Lichtwesens an deiner Seite wahr. Es ist dein Höheres Selbst, dein innerer, göttlicher Kern. Der Teil deiner Seele, der in der geistigen Welt geblieben ist, um dich in deiner Inkarnation auf der Erde zu führen und zu leiten.

Dein Höheres Selbst berührt dich an der Schulter und lässt seine liebevolle, kraftvolle Energie in dich einfließen. Mit der Energie deines Höheren Selbst fließt alles, was du zur Erfüllung deines Seelenauftrags benötigst, in dich ein. Du wirst erfüllt von deiner Seelenessenz, vom Licht deines Ursprungs, von der Energie deiner Seele. Genieße diese Energieübertragung eine Zeit lang und spüre, wie sich deine Energie ganz sanft, so wie es für dich in diesem Moment gut ist, erhöht.

Gehe nun mit deiner Aufmerksamkeit in dein Inneres. Lasse dich in dich selbst hineinsinken.

Du spürst, wie du von dir selbst aufgefangen, in die Arme genommen und willkommen geheißen wirst. Spüre, wie es ist, ganz in dir selbst anzukommen. Ganz bei dir zu sein. Du gehst mit deiner Aufmerksamkeit in den Bereich zwischen deinen beiden physischen Ohren, in dein feinstoffliches Hörzentrum. Spüre hin, nimm wahr, welche Bilder, Gefühle, Gedanken jetzt in dir auftauchen. Was assoziierst du mit deinem feinstofflichen Hörzentrum? Welche Beziehung hast du zu ihm? Wie stehst du zu deiner Inneren Stimme, deiner Intuition?

Nimmst du eine Überforderung wahr, als Kind oder in deinem Erwachsenenleben zu viel gehört zu haben? Nimm alles wahr, was jetzt da ist. Dein Höheres Selbst führt dich nun in deinen feinstofflichen Ohren herum. Nimm wahr, wie sie von innen aussehen. Du entdeckst Gehörgänge, die möglicherweise spiralförmig angeordnet sind oder auch anders verlaufen. Du nimmst auch deine feinstofflichen Ohrmuscheln wahr, die wahrscheinlich um einiges größer sind als die deiner physischen Ohren.

Gibt es Ablagerungen, Verschmutzungen, Gegenstände, die dort nicht hingehören? Wie ist die Schwingung in deinem linken Gehörgang, in deinem rechten Gehörgang? Wie stehen die beiden Gehörgänge in Beziehung miteinander?

Während du mit deinem Höheren Selbst durch deine Gehörgänge gehst, beginnt ihr, sie zu reinigen und mit Licht zu durchfluten. Ihr reinigt die Wände der Gänge und dein Höheres Selbst strahlt genau die Schwingungen und Farben aus, die deine feinstofflichen Gehörgänge nun brauchen. Denn wahrscheinlich hast du im Laufe deines Lebens vor allem auch als Kind vieles wahrgenommen, was dich überfordert hat, vieles gehört, auf feinstofflicher oder grobstofflicher Ebene, das du mental nicht verarbeiten konntest.

Du hast in deiner Kindheit möglicherweise viele Dinge gehört, die dich in jenem Moment verletzt oder schockiert haben. Du hast vielleicht auch von Katastrophen im Fernsehen oder Radio gehört, die dich überfordert haben.

Womöglich hast du viele Aussagen von Menschen, die du geliebt hast, ohne jegliche Filterung aufgenommen und sie zu deinen Wahrheiten gemacht. Vielleicht hast du Glaubenssätze übernommen, aber auch Urteile über dich, Urteile über die Welt, Urteile über andere Personen. Damals hast du alles als Wahrheit übernommen, weil du keine andere Wahrheit kanntest und nach Antworten gesucht hast.

Auch wenn du in jedem Moment deines Lebens mit der Weisheit deiner Seele verbunden warst und es auf dieser Ebene besser gewusst hättest, hast du aufgrund deiner Liebe zu deiner Familie ihre Aussagen bis zu einem gewissen Grad als deine Wahrheiten übernommen.

Alle Erinnerungen an Gehörtes, sowohl aus deiner Kindheit als auch aus deinem Erwachsenenleben, klingen bis heute energetisch in dir nach. Sie befinden sich in diesen feinstofflichen Gehörgängen.

Dein Höheres Selbst hilft dir, diese Erinnerungen zu bereinigen. Vielleicht entzündet es auch mit Hilfe von Erzengel Zadkiel und Meister St. Germain violette Flammen in deinen Gehörgängen. Möglicherweise kommen auch andere Lichtwesen hinzu, die dich bei der Reinigung deiner Gehörgänge unterstützen. Krafttiere, Engel, Meisterenergien, Naturwesen. Sie bereinigen alles, was deine feinstofflichen Gehörgänge noch belastet. Die Lichtwesen bringen dir nun die Ereignisse und Zusammenhänge zu Bewusstsein, die für dich wichtig sind. Vielleicht sind einige Verletzungen, einige Blockaden in deinen Gehörgängen ganz besonders massiv, dann erscheinen Bilder und Erklärungen, Gefühle, Erinnerungen, Gedanken, Ideen dazu. Es wird dir auf eine Weise erklärt, woher diese Blockaden kommen, mit der du etwas anfangen kannst.

Dein Höheres Selbst, die Lichtwesen und Krafttiere helfen dir dabei, die Blockaden restlos zu beseitigen, sie in reines Licht zu verwandeln oder in der violetten Flamme zu verbrennen. Nimm dir Zeit dazu, deine feinstofflichen Gehörgänge ausführlich zu reinigen.

Nun bringt dich dein Höheres Selbst zurück in dein feinstoffliches Hörzentrum zwischen deinen beiden physischen Ohren. Spüre hin, wie sich dieser Bereich jetzt anfühlt. Vielleicht hat sich die Energie verändert. Möglicherweise fühlt es sich nach der Reinigung deiner feinstofflichen Gehörgänge leichter und freier an.

Vielleicht haben sich bereits Blockaden gelöst. Dein Höheres Selbst und die anderen Lichtwesen entzünden nun auch in deinem feinstofflichen Hörzentrum eine violette Flamme. Alle Blockaden, die sich noch in ihm befinden, dürfen nun restlos transformiert werden.

Beginne jetzt, dich in deinem feinstofflichen Hörzentrum umzuhören. Du bist nun eingeladen, Klängen zu lauschen, die auf feinstofflicher Ebene auf dich einwirken.

Vielleicht sind das die Gesänge der Engel oder liebevolle Worte von Krafttieren oder Lichtwesen, vielleicht die Stimmen und Klänge der Pflanzen, Tiere und liebevollen Menschen um dich herum. Vielleicht hörst du wunderschöne Harmonien, Klänge, die dich glücklich machen und erfüllen. Möglicherweise hörst du auch Dissonanzen. Nimm dir Zeit, den Klängen zu lauschen.

Du bist nun eingeladen, dich geistig an einen Ort zu begeben, der dir sehr vertraut ist, vielleicht in dein Zuhause oder an einen Ort in der Natur. Nimm die feinstofflichen Klänge dieses Ortes wahr. Sphärenklänge, Stimmen, liebevolle Worte oder Gesänge. Die Stimmen der Bäume und Tiere. Die Klänge der Naturwesen, die Klänge der Natur, der Elemente. Des Regens, des Schnees, des Wassers, des Windes. Vielleicht gibt es dort auch Dissonanzen. Vielleicht nimmst du auch Gedanken der Menschen wahr. Harmonische und dissonante Klänge. Wenn du das Gefühl hast, dass manche Klänge dich belasten, dann lasse dich von deinem Höheren Selbst unterstützen. Dein Höheres Selbst schützt dein feinstoffliches Gehör vor den Klängen, die es belasten, sodass du mit einem guten Gefühl zuhören kannst.

Begib dich an einige Orte, deren Klang du hören möchtest. Wähle Orte, an denen du dich wohlfühlst.

Beende nun langsam deine Reise. Dein Höheres Selbst legt nun abschließend einen Schutz um dein feinstoffliches Hörzentrum, um die Energie zu halten und es vor allen Energien zu schützen, die ihm nicht gut tun.

Dein Höheres Selbst lädt dich ein, einen Schutz für deine Ohren zu installieren. Es ist eine Art feinstoffliches Füllmaterial, ein Schallschutz, der aus einem sehr lichtvollen Material besteht. Dein feinstoffliches Gehörzentrum wird nun mit diesem licht-vollen Schallschutz ausgekleidet. In deinem Schallschutz ist eine Art Filter eingebaut. Das heißt, er lässt durch, was für dich wichtig ist, und filtert alle Schwingungen, die du nicht unbe-dingt hören musst, weil sie dich nur belasten würden.

Der Schutz ist variabel. Er stellt sich auf verschiedene Situationen ein. Er wirkt sowohl bei starkem Lärm als auch, wenn mit den Aussagen von Menschen negative Energien oder Informationen mitschwingen, die dich emotional belasten oder aus deiner Mitte bringen würden. Du kannst deinen Schutz beliebig im Alltag variieren, indem du dein Höheres Selbst darum bittest, dass dein feinstofflicher Gehörschutz gewisse Stimmen oder Töne ausblendet, die du nicht unbedingt hören musst. Wenn es für dich stimmig ist, kannst du Erzengel Zadkiel und Meister St. Germain bitten, die Transformationsprozesse deines fein-stofflichen Hörzentrums in der nächsten Zeit zu begleiten. Lasse dir nun von deinem Höheren Selbst genau zeigen und erklären, was für deine Ohren und dein Hörzentrum in nächster Zeit wichtig ist. Vielleicht hat dein Höheres Selbst auch noch eine Botschaft für dich, wie du feinstoffliche Energien besser wahr-nehmen kannst, ohne dich zu überfordern.

Bedanke dich dann bei deinem Höheren Selbst, deinen Ohren und Gehörgängen, bei deinem feinstofflichen Gehörzentrum und bei Erzengel Zadkiel und Meister St. Germain.

Und komme langsam mit deiner Aufmerksamkeit wieder in deinen Körper zurück und öffne in deiner Zeit wieder deine Augen.

ॐ MEDITATION: HELLWISSEN

Das Hellwissen ist oft am schwierigsten zu erlernen, da es sich genauso anfühlt wie die eigenen Gedanken.

In folgender Meditation gelangt man zum eigenen Seelenwissen und lernt den Hüter des Wissens kennen, ein Lichtwesen, das einem dabei hilft, energetische Blockaden zu lösen und das eigene Seelenwissen vor dem Missbrauch durch andere zu schützen.

Nimm ein paar tiefe Atemzüge und spüre, wie du dich immer mehr entspannst. Lasse mit deinem Atem alle Gedanken, belastenden Emotionen und Verspannungen ziehen. Spüre, wie du mit jedem Atemzug mehr in deine Mitte und in deine Kraft gelangst.

Tritt nun in Verbindung mit deinem Höheren Selbst. Spüre über dir eine kraftvolle, lichtvolle Energie, vielleicht wie eine Sonne oder ein Stern, der über dir leuchtet und funkelt; eine liebevolle Energie, die Tag und Nacht über dich wacht und dich auf jedem deiner Schritte begleitet und beschützt. Die dich leitet und führt und dir auch oft den Weg weist, wenn du nicht mehr weiter weißt, wenn du dich einsam und vielleicht sogar verzweifelt fühlst. Dein Höheres Selbst ist ein wunderschönes, weises Wesen. Es ist Teil deiner Seele. Es ist immer an deiner Seite und unterstützt und leitet dich mit seiner Weisheit in deiner Inkarnation auf der Erde.

Spüre diese wunderbare Energie über dir. Und spüre dann, wie dein Höheres Selbst neben dir ankommt und Hand in Hand beginnt, mit dir einen Weg entlangzugehen. Es führt dich an einen ganz besonderen Ort. Vielleicht geht der Weg nach oben, von der Erde weg, vielleicht führt der Weg immer höher und höher ins Universum. Oder auch immer tiefer in die Erde hinein,

Erdschicht um Erdschicht einen Gang hinunter. Oder es führt dich an einen ganz besonderen Ort von sehr hoher Schwingung an einer völlig anderen Stelle. Folge deinem Höheren Selbst vertrauensvoll.

An diesem Ort wartet etwas Wunderbares auf dich. Du erlangst dort den Zugang zur Weisheit deiner Seele. Du darfst heute eine Art Bibliothek betreten und Zugang zu deinem persönlichen Seelenwissen erhalten.

Vielleicht nimmst du es als Bibliothek voller hoher Regale wahr, mit dicken Büchern voller Wissen und Weisheit. Vielleicht ist es auch eher wie ein Computer, an den du dich setzt und die Festplatte durchforstest. Vielleicht ist es ein Speicherkristall mit dem gesammelten Wissen, zu dem du heute Zugang erhältst. Lasse dich von deinem Höheren Selbst zu der Information führen, die heute für dich wichtig ist. Vielleicht ist es ein Buch, das du aus dem Regal ziehst, möglicherweise ist es eine Datei, die du öffnest, vielleicht Wissen in einer Speicherkammer des Kristalls.

Lasse dieses Wissen in dich einfließen. Vielleicht ist es wie der Upload einer Datei, wie das Abspeichern eines Dokuments. Möglicherweise wie das schnelle Lesen eines Buches. Lasse die Weisheit in dich einfließen, speichere sie in dir ab.

Und lasse dir von deinem Höheren Selbst einige Elemente dieses Wissens zeigen. Vielleicht einige Seiten des Buches, einige Seiten der Computerdatei, die jetzt ganz besonders wichtig sind. Möglicherweise führt es dich auch noch zu weiteren Informationen, zu anderen Büchern, zu anderen Kristallen.

Nimm alles in dich auf. Vertraue darauf, dass die Informationen in deinem Mental- oder Kausalkörper gespeichert werden, viel schneller und einfacher, als du es dir wahrscheinlich vorstellen kannst. Du brauchst nicht jede Information sehen oder verstehen. Es wird alles wie von selbst abgespeichert und erhält seinen Platz in deinem Energiesystem. Lasse es einfach geschehen, nimm das Wissen in dich auf.

Und dann führt dein Höheres Selbst dich noch weitere Gänge entlang zu einem ganz besonderen Raum mit einer verzierten Türe, die sehr mystisch aussieht. Es öffnet die Türe und darin befindet sich ein wunderschönes, weises Wesen. Es ist der Hüter des Wissens, ein liebevolles Lichtwesen, das auf dein Wissen aufpasst und dafür zuständig ist, dir Zutritt zu ihm zu verschaffen. Es hat auch die Aufgabe, dein Wissen vor Menschen, die es zu Ego-Zwecken oder sogar in dunkler, manipulativer oder gewaltsamer Absicht benutzen möchten, zu schützen.

Nimm die Botschaft des Hüters deines Wissens wahr. Stelle deine Fragen und wenn du möchtest, notiere seine Antworten. Frage ihn vielleicht, welches Wissen du hier erhalten hast. Oder mit welchem Wissensgebiet du dich in nächster Zeit ganz besonders beschäftigen sollst. Frage ihn, welches Wissen aus früheren Inkarnationen noch auf eine Wiederentdeckung durch dich wartet. Frage ihn, wenn du möchtest, welches Wissen du schon bei dir trägst und nur noch zu aktivieren brauchst. Frage auch, wie du es reaktivieren kannst. Was dafür noch fehlt, was noch zu tun ist. Welche Themen noch zu lösen sind, damit du auf das gesamte dir anvertraute Wissen der Erde und des Universums zugreifen darfst.

Und dann lasse dich von diesem wunderschönen Wesen, vom Hüter des Wissens, berühren. Er berührt dein Kronenchakra und lässt Energie in dich einfließen. Energie, die dir hilft, dein Wissen abzuspeichern und den Zugang zu ihm zu erleichtern. Und alle Energien, die du brauchst, um mit diesem Wissen verantwortungsvoll umzugehen und es auf dem Weg deiner

Seele sinnvoll einzusetzen. Für dich und für alle anderen, denen du auf diesem Weg begegnest.

Und dann verabschiede dich vom Hüter des Wissens und gehe noch einmal den Weg durch die Bibliothek oder durch den Stein zurück. Komme an den Ausgangsort zurück und genieße noch einige Zeit die Anwesenheit deines Höheren Selbst und seine Energie, die in dich fließt. Vielleicht hat auch dein Höheres Selbst noch einige Botschaften für dich. Möglicherweise teilt es dir etwas zu deinem Seelenplan oder Seelenauftrag mit. Vielleicht möchte es dir noch ein paar Wegweiser für deinen Seelenweg in die Hand geben. Und auch dein Höheres Selbst berührt nun deine Aura und deine Chakren und lässt reine, liebevolle Energie in sie einfließen. Genieße diese Berührung. Lasse dich von dieser Energie einhüllen, bade in ihr, nimm sie ganz in dich auf.

Dann bedanke dich bei deinem Höheren Selbst und komme in deinem Tempo wieder ganz hierher zurück und öffne in deiner Zeit wieder deine Augen.

ॐ MEDITATION: HELLSEHEN

In folgender Meditation aktiviert und reinigt der aufgestiegene Meister Hilarion das Dritte Auge und hilft, die Ursachen dafür zu erkennen und zu transformieren, dass man das Hellsehen an einem Punkt des Lebens komplett oder teilweise blockiert hat.

Mache es dir bequem, schließe deine Augen und atme ein paar Mal tief ins Becken. Spüre, wie der Atem durch deine Lunge strömt, wie sich dein Bauch bei jedem Einatmen sanft hebt und beim Ausatmen wieder senkt.

Erlaube deinem Körper und deinem Geist, zur Ruhe zu kommen. Spüre, wie du mit jedem Atemzug mehr in deine Mitte und in deine Kraft gelangst. Zentriere die Energie in deinem Stirnchakra und spüre, wie es immer mehr sanft zu leuchten und zu strahlen beginnt. Genieße dieses Gefühl.

Stelle dir nun vor, dass aus deinem Herzchakra ein goldener Weg emporwächst. Der Weg wächst immer höher und höher, in den Himmel hinein, durch die Wolkendecke hindurch und immer höher und höher in Richtung Universum.

Dein Schutzengel nimmt dich an der Hand und du gehst nun völlig sicher und geschützt diesen goldenen Weg hinauf, immer höher und höher, durch die Wolkendecke hindurch und immer höher und höher in Richtung Universum.

Schließlich kommst du zu einem goldenen Tor, das wie von allein aufschwingt. Tritt hindurch. Du gelangst in einen wunderschönen, strahlenden Wolkenraum. Das goldene Tor schwingt hinter dir wieder zu und du machst es dir auf den Wolken gemütlich. Spüre die bedingungslose Liebe, die dieser Raum ausstrahlt. Du bemerkst, dass sich um dich herum unzählige Lichtwesen versammelt haben, die dich liebevoll begleiten und unterstützen wollen. Aus dem Kreis der lichtvollen Gestalten tritt nun der aufgestiegene Meister Hilarion zu dir. Es geht eine sehr sanfte, liebevolle, schützende, ruhige Energie von ihm aus. Er nimmt dich an der Hand und lässt seine Energie in dich einfließen und reinigt so dein Energiesystem. Lass es geschehen, du brauchst nichts tun, dir nichts vorzustellen, nichts zu fühlen oder zu wissen. Vertraue dich ganz der hohen, liebevollen Schwingung von Meister Hilarion an.

Konzentriere dich jetzt auf deine Aura und alle Erfahrungen, die du in diesem und in früheren Erdenleben dort abgespeichert hast, die dein Hellsehen bisher behindert haben ... Erfahrungen die einfach nicht mehr zu dir und deinem Weg passen. Womöglich sind es ziemlich viele.

Du brauchst dich nicht an alle Erfahrungen detailliert zu erinnern, Hilarion kennt sie genau. Er lädt dich jetzt dazu ein, all diese Erfahrungen, die dir nicht länger dienlich sind, in eine violette Flamme zu geben, die er in diesem Wolkenraum entfacht. Lasse alles wie von selbst in die violette Flamme hineinfließen, die es restlos verbrennt

... alle Situationen, in denen du in deiner Kindheit Feen, Elfen, Zwerge und Engel gesehen hast und dafür bestraft oder nicht ernst genommen wurdest.

... alle Situationen, in denen das, was du wahrgenommen hast, dich überfordert oder belastet hat.

... alle Situationen aus früheren Inkarnationen, in denen du verletzt oder getötet wurdest, weil du etwas vorausgesehen hast.

... alle Situationen aus früheren Inkarnationen, in denen du die Gabe des Hellsehens in dunkler Weise eingesetzt hast.

... alle Situationen aus früheren Inkarnationen, in denen du gezwungen wurdest, irgendetwas voraus zu sehen oder zu prophezeien.

Hilarion unterstützt dich in diesem Prozess. Lass es geschehen, dass die Transformation leicht vor sich geht.

Meister Hilarion errichtet nun um dich herum eine Lichtsäule aus grün-gold-glitzerndem Licht. Bleibe eine Weile in dieser Energie und spüre, wie dein Lichtkörper, deine Aura und dein physischer Körper mit diesem Licht durchdrungen und aufgeladen werden. Hilarion füllt deine Aura mit Heilungsenergie, transformiert Verletzungen und füllt Energielöcher mit reinem Licht.

Hilarion tritt nun vor dich. Er berührt dein Stirnchakra (= dein drittes Auge), erfüllt es mit den Energien, die es im Moment benötigt, und bewirkt damit eine sanfte Öffnung deines Stirnchakras.

Erlaube Hilarion, dein Chakra zu reinigen und alle Blockaden, von denen du dich hier und jetzt verabschieden magst, zu transformieren.

Du hast nun die Möglichkeit, Hilarion einige Fragen zu stellen. Frage ihn alles, was du wissen möchtest, und nimm seine Antworten mit deinen Hellsinnen wahr.

Vielleicht möchtest du ihn fragen, was dein Hellsehen noch blockiert, wovor du Angst hast, was du glaubst, verhindern zu können, indem du nicht alle Energien wahrnimmst.

Bleibe ganz offen für die Art und Weise, wie Hilarion dir die Antworten zukommen lässt. Vielleicht in Bildern, Worten, Gefühlen. Vielleicht wirken seine Antworten auch wie deine eigenen Gedanken. Und auch wenn du glaubst, nichts wahrzunehmen, kannst du darauf vertrauen, dass die Antworten in irgendeiner Form zu dir kommen werden. In deinen Träumen, als Gedanken während deines Alltags oder als hilfreiche Menschen oder Bücher. Genieße noch einen Moment die Anwesenheit der Lichtwesen, die für dich da sind, die du immer um Hilfe und um

Rat fragen kannst. Bedanke dich bei ihnen. Gehe dann langsam wieder durch das goldene Tor und den goldenen Weg hinab. Tiefer und tiefer führt der Weg, den du mit deinem Schutzengel an der Hand beschreitest. Durch die Wolkendecke hindurch, die Erde kommt immer näher und näher. Gehe tiefer und tiefer, bis du wieder ganz in deinem Herzchakra angelangt bist. Ziehe den goldenen Weg wieder in dein Herzchakra ein und bringe es auf eine normale Größe.

Komme dann in deinem Tempo wieder ganz ins Hier und Jetzt zurück und öffne deine Augen.

COACHING MIT TIEREN UND IHREN MENSCHEN

Coaching ist eine Form der Begleitung, bei der zielorientiert gearbeitet wird. Es handelt sich nicht um Beratung, sondern um die Unterstützung bei der Lösung eines Problems. Im Zentrum des Coachings steht, dass die Klienten/Klientinnen selbst eine Antwort finden. Direkte Ratschläge oder Handlungsanweisungen werden vermieden.

Achtung! Coaching ist in Österreich ein Begriff, der den Lebens- und Sozialberatern/-beraterinnen vorbehalten ist! Dieser Begriff wird hier verwendet, um zu verdeutlichen, in welcher Rolle wir uns in der Tierenergetik befinden. Wenn man den Begriff nach außen hin (z. B. auf der Website) verwenden möchte, sollte man sich vorher unbedingt erkundigen, ob dies gesetzlich erlaubt ist!

Auf die Tierenergetik umgelegt bedeutet Coaching, dass es nicht das Ziel ist, den Tieren oder Tierbesitzern/Tierbesitzerinnen eine Antwort zu präsentieren, sondern zu verstehen, wie Mensch und Tier das Problem sehen, und dann mit allen gemeinsam Lösungsansätze zu erarbeiten.

Manchmal reicht dafür eine energetische Sitzung oder ein Gespräch mit dem Tier vollkommen aus, manchmal benötigt dieser Prozess Monate und viele Veränderungen und Gespräche.

Manchmal sind Fälle jedoch auch sehr einfach zu lösen, wie beispielsweise in folgendem Fall:

1. Eine Katze pinkelt nicht ins Kistchen, sondern auf den Teppich und ins Bett.

2. Die Tierbesitzer möchten wissen, warum sie das tut, und erhoffen sich in der energetischen Sitzung eine Lösung des Problems.

3. Es zeigt sich, dass der Teppich und das Bett energetisch verschmutzt sind, weil die Tierbesitzer ihre negativen Emotionen in sich aufstauen und dann meist in der Nacht im Schlaf loslassen. Die Katze wünscht sich eine energetische Reinigung der Wohnung mindestens einmal in der Woche und rät ihren Menschen, Methoden auszu probieren, ihre negativen Emotionen zu transformieren.

4. Die Tierbesitzer räuchern die Wohnung und melden sich für eine Meditationsgruppe an. Die Katze ist begeistert und das Problem ist gelöst.

Es ist für die Tierbesitzer/Tierbesitzerinnen nicht immer so einfach wie in diesem Fall, die Veränderungen, die notwendig wären, durchzuführen. Vor allem, wenn es um Spiegelthemen geht, ist es meistens notwendig, dass die Menschen sich auf größere Veränderungsprozesse einlassen.

 Hinweis: Es ist äußerst wichtig, dass in allen Fällen, in denen Verhaltensprobleme oder -veränderungen geschildert werden, gefragt wird, ob es medizinisch abgeklärt wurde, dass das Tier sich nicht aufgrund einer Erkrankung verändert hat! Aus ethischen und rechtlichen Gründen (Österreich) sollte in solchen Fällen unbedingt eine tierärztliche Abklärung erfolgen, bevor mit dem Tier energetisch gearbeitet wird!

Eine energetische Sitzung mit einem Tier kann einer Beratungs- oder Coaching-Situation mit Menschen ähneln. Elemente des Coachings, die bereits seit Langem bei Menschen angewendet werden, sind auch für Tiere sehr gut anwendbar und hilfreich.

Als Tierkommunikator/Tierkommunikatorin und/oder Tierenergetiker/Tierenergetikerin befindet man sich, sobald es in einer Sitzung um Problemthemen, Emotionen, Spiegelthemen oder andere Dinge, die das gesamte (Familien-, Rudel-, Herden-) System betreffen, in der Rolle eines Coaches.

COACHINGSYSTEM IN DER ENERGIEARBEIT MIT TIEREN

In der Tierenergetik ist man in einer Art Dreiecksverhältnis mit Tierbesitzer/Tierbesitzerin und Tier.

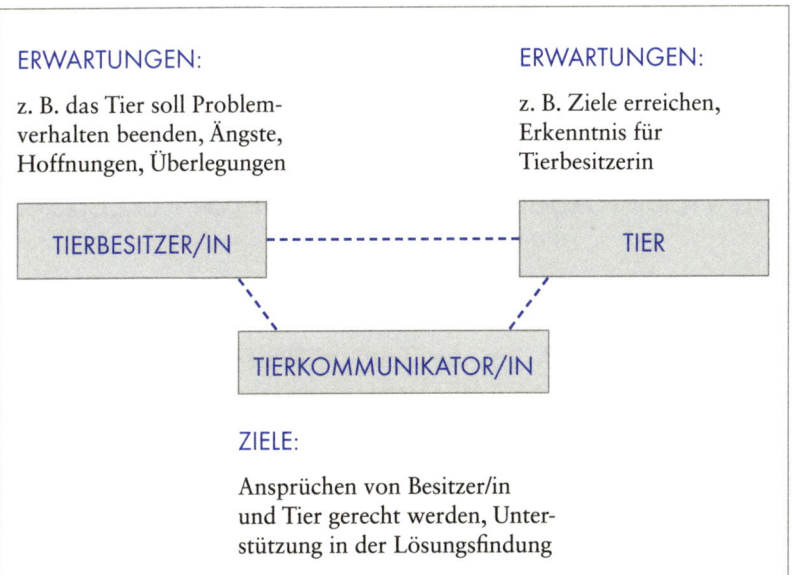

ERWARTUNGEN:

z. B. das Tier soll Problem- verhalten beenden, Ängste, Hoffnungen, Überlegungen

ERWARTUNGEN:

z. B. Ziele erreichen, Erkenntnis für Tierbesitzerin

TIERBESITZER/IN — — — — — TIER

TIERKOMMUNIKATOR/IN

ZIELE:

Ansprüchen von Besitzer/in und Tier gerecht werden, Unter- stützung in der Lösungsfindung

Abbildung 17

Jedes Mitglied dieses Dreiecks hat seine eigenen Ziele, Erwartungen und Wünsche an den Prozess.

Häufig besteht das System aus mehreren Menschen (von denen häufig nur eine Person zur Beratung kommt) und mehreren Tieren. Wenn mehr als ein Tier beteiligt ist, hilft es, die anderen Tiere in der energetischen Sitzung miteinzubeziehen. Häufig erfährt man dann sehr wichtige Details, die das betroffene Tier (das das Problemverhalten zeigt) nicht so genau erklären kann oder möchte. Es reicht, wenn die Tierbesitzer/Tierbesitzerinnen Fotos der anderen Tiere mitbringen. Arbeitet man vor Ort (Hausbesuch), kommen meist im richtigen Moment weitere Tiere hinzu, die etwas beizutragen haben.

Zum Beispiel kann in dem Fall, in dem eine Katze nicht das Kistchen benützt, ein Gespräch mit der zweiten Katze wertvolle Informationen liefern.

Eine Begleitung von Tieren und ihren Menschen kann zur besseren Analyse in vier Phasen unterteilt werden.

DIE VIER PHASEN DES COACHINGPROZESSES

1. DEFINITION DES ANGEBOTS

Hier handelt es sich um die Zeit vor dem ersten Kontakt mit Tierbesitzer/Tierbesitzerin und Tier. In dieser Phase ist es wichtig, zu definieren, was man anbietet, welche Fälle man bereit ist, anzunehmen, und wie man Anfragen beantwortet.
Manchmal gibt es auch rechtliche Vorgaben, die es einem verbieten, bestimmte Aufträge anzunehmen. In anderen Fällen gibt es persönliche oder ethische Gründe, einen Fall abzulehnen,

beispielsweise:

- Sterbebegleitung (wenn eigene Themen es verhindern, dass man sachlich an den Fall herangeht, z. B. weil man den Verlust eines Angehörigen noch nicht genügend verarbeitet hat)

- Wenn bereits beim ersten Kontakt per E-Mail oder Telefon keine Änderungswilligkeit bei den Tierbesitzern/ Tierbesitzerinnen erkennbar ist. Manche Tierbesitzer/ Tierbesitzerinnen stellen ein Ultimatum, in der Form: „Wenn mein Pferd nicht in sechs Wochen über den Wassergraben springt, verkaufe ich es."

- Energiearbeit mit kranken Tieren, wenn es rechtlich nicht erlaubt ist oder man sich dafür nicht qualifiziert fühlt.

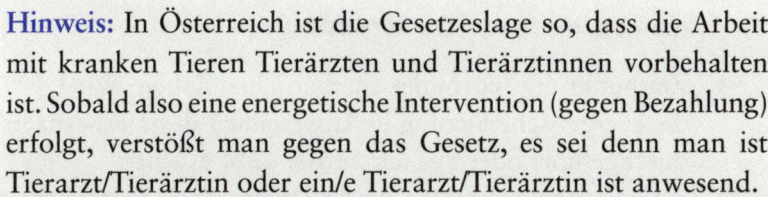

Hinweis: In Österreich ist die Gesetzeslage so, dass die Arbeit mit kranken Tieren Tierärzten und Tierärztinnen vorbehalten ist. Sobald also eine energetische Intervention (gegen Bezahlung) erfolgt, verstößt man gegen das Gesetz, es sei denn man ist Tierarzt/Tierärztin oder ein/e Tierarzt/Tierärztin ist anwesend.

Es ist erstrebenswert und sehr wertvoll, mit Tierärzten, die für Energiearbeit und Tierkommunikation offen sind, zusammenzuarbeiten, um das Tier unter verschiedenen Gesichtspunkten verstehen zu können. So ist eine optimale Begleitung des Tieres und seiner Menschen möglich.

Eine häufige Falle in dieser ersten Phase des Coachingprozesses ist, sich vorzunehmen, jedes Problem lösen zu müssen, das an einen herangetragen wird. Es kann sein, dass man in einigen

Fällen Experten/Expertinnen aus anderen Bereichen hinzuziehen muss (z. B. Tierärzte/Tierärztinnen, Tiertrainer/Tiertrainerinnen, aber auch Humanenergetiker/Humanenergetikerinnen, wenn eine energetische Ursache beim Menschen das Problem auslöst). Wenn man den Eindruck hat, nicht die geeignete Person für den vorliegenden Fall zu sein, ist es besser, an Kollegen/Kolleginnen weiterzuverweisen.

2. AUFTRAG

Wenn ein Tierbesitzer/eine Tierbesitzerin eine Anfrage stellt und man zustimmt, mit dem Tier energetisch zu arbeiten, ist ein mündlicher Vertrag zustande gekommen. Hier ist es von großer Bedeutung, dass die Vertragsbestandteile klar und deutlich gemacht werden.

- Umfang der energetischen Arbeit (z. B. definiert durch die Zeit, die man dazu verwendet).

- Zeitpunkt und Form der energetischen Arbeit: Wird die energetische Sitzung in Anwesenheit des Tierbesitzers durchgeführt oder aus der Ferne? Gibt es einen vereinbarten Zeitpunkt, zu dem energetisch gearbeitet wird?

Wichtig ist es, klar zu machen, dass man keine Garantie abgeben kann, dass ein Tier durch die energetische Sitzung ein Problemverhalten ablegt oder geheilt wird. Erwähnt man bereits im ersten Gespräch, dass oft Spiegelthemen die Ursache von Problemen sind und die Änderungswilligkeit der Menschen entscheidend ist, erspart man sich nach der energetischen Sitzung meist viele Erklärungen.

In dieser zweiten Phase werden also Erwartungen, Bedürfnisse und Angebote abgeglichen. Wenn diese nicht miteinander übereinstimmen, kommt kein Vertrag zustande. Wenn man sich einig wird, kann die „Arbeit" beginnen.

3. ENERGIEARBEIT

Ziel dieser Phase ist es, das Problem zu lösen bzw. die vereinbarten Ziele zu erreichen. Hier wird energetisch gearbeitet, einmal oder in mehreren Sitzungen.

4. ABSCHLUSS

Am Ende sollten Tier und Tierbesitzer in der Lage sein, ohne laufende Unterstützung auszukommen. Ziel sollte es daher sein, dass man sich selbst als Coach „überflüssig" macht.

ETHIK IN DER TIERENERGET(H)IK

Die Wahrnehmung von feinstofflichen Energien ist ein intuitiver Vorgang, bei dem es erforderlich ist, das Ego möglichst auszuschalten und sich ganz den Botschaften, Bildern und Gefühlen, die man empfängt, zu öffnen.

Grundsätzlich gilt: Je mehr man selbst in seiner Mitte ist, je besser der eigene energetische Zustand ist, desto unverfälschter ist die Wahrnehmung. Ein wenig Interpretation oder eigene Gedanken mischen sich immer in die feinstoffliche Wahrnehmung, man sollte nur darauf achten, diesen Anteil so gering wie möglich zu halten.

Je besser die feinstoffliche Wahrnehmung ist, desto wichtiger ist es, verantwortungsvoll mit seiner Gabe umzugehen. Dazu gehört, nicht ohne Erlaubnis des Tierbesitzers oder der Tierbesitzerin mit einem Tier energetisch zu arbeiten und die Intimsphäre der Menschen zu wahren, indem man die Tiere bittet, nicht zu viele persönliche Details zu erzählen. Von großer Bedeutung ist es auch, Verschwiegenheit einzuhalten und Informationen nicht an Außenstehende weiterzugeben.

Der große Nachteil, im Gegensatz zu anderen Tätigkeiten, ist, dass man energetische Arbeit unmöglich objektiv überprüfen kann. Wenn zehn Personen gleichzeitig das Energiesystem eines Tieres wahrnehmen, zeigt sich bei jeder Person ein anderer Aspekt. Insgesamt sollte Ähnliches herauskommen, doch es ist sinnlos, wahrgenommene Blockaden miteinander zu vergleichen und zu streiten, wer recht hat.

Hilfreich ist, sich möglichst wenig von den Tierbesitzern/Tierbesitzerinnen erzählen zu lassen, bevor man mit der Wahrnehmung beginnt, um nicht beeinflusst zu sein, und dann anhand des Feedbacks zu sehen, welche Themen oder Lebenssituationen des Tieres man wahrgenommen hat. Doch manches wissen Tierbesitzer/Tierbesitzerinnen nicht, sie haben möglicherweise eine verzerrte Wahrnehmung oder sind wenig kritikfähig.

Letztendlich ist man daher meist auf sich selbst gestellt. Daher ist es von großer Bedeutung, der eigenen Wahrnehmung und Intuition vertrauen zu können.

UMGANG MIT EMPFANGENEM

Hilfreich ist es, bei Dingen, die man von einem Tier empfängt, folgende Punkte einzubeziehen bzw. zu berücksichtigen:

- Überprüfen, ob das Empfangene wirklich vom Tier kam oder aus dem eigenen Kopf. Dazu kann man sich fragen: Wie wurde die Information empfangen (Bild, Wort, Gefühl, Geruch, Geschmack…)? Kam ein Gefühl mit der Information mit, das man davor nicht gespürt hat? Kam die Information viel schneller, als die eigenen Gedanken normalerweise sind? Kam etwas vollkommen Unerwartetes?

- Vertrauen, dass das Empfangene, wenn es der oben stehenden „Überprüfung" standgehalten hat, wirklich vom Tier kam. Der eigenen Intuition vertrauen.

- Nicht interpretieren: das Empfangene so stehen lassen, wie man es empfangen hat.

- Nicht Rätsel raten, sondern im Gespräch mit den Tierbesitzern/Tierbesitzerinnen gemeinsam interpretieren, was bestimmte Wahrnehmungen bedeuten könnten.

- Nicht bewerten und urteilen.

- Mit sich selbst liebevoll umgehen.

- Bei emotional aufrüttelnden Informationen: sich selbst wieder gut vom Tier cutten und darauf achten, die Emotionen des Tieres nicht zu übernehmen.

- Mit erhaltenen Informationen der Tiere und Menschen diskret umgehen.

UMGANG MIT FEEDBACK DER TIERBESITZER

Falls Tierbesitzer etwas verneinen, was man vom Tier empfangen hat, ist es ganz wichtig, mit sich selbst liebevoll umzugehen und möglichst neutral hinzuspüren, was das zu bedeuten hat.

Es muss nicht heißen, dass man etwas „falsch" empfangen hat, wenn der Tierbesitzer mit dem Empfangenen nichts anfangen kann. Oft kommen Tierbesitzer/Tierbesitzerinnen erst nach Wochen oder sogar Jahren darauf, was bestimmte Wahrnehmungen im Energiesystem des Tieres bedeuten. Es ist hilfreich, das Konzept von „richtig und falsch" zur Seite zu legen, wenn man mit einem Tier energetisch arbeitet. Vieles ist einfach nicht zu 100 Prozent überprüfbar.

QUALITÄTSSICHERUNG

Um zu gewährleisten, ein reiner Kanal für feinstoffliche Energien zu bleiben, ist es hilfreich, sich von Zeit zu Zeit folgende Fragen zu stellen und ehrlich zu beantworten:

- Wie wichtig ist mir das Feedback der Tierbesitzer/ Tierbesitzerinnen?

- Glaube ich an mich und meine Fähigkeiten, auch wenn ich kritisiert werde?

- Trete ich in Konkurrenz mit Kollegen/Kolleginnen oder werde ich häufig mit anderen verglichen?

- Kann ich den freien Willen der Tierbesitzer/Tierbesitzerinnen respektieren?

- Wie geht es mir dabei, wenn Tierbesitzer/Tierbesitzerinnen nicht die Veränderungen durchführen, die notwendig wären, damit es dem Tier besser geht? Gebe ich mir selbst die Schuld dafür?

- Glaube ich manchmal, die Lösung bereits zu kennen, während mir jemand einen Fall schildert?

- Welches Verhältnis von Geben und Nehmen herrscht in meinem Leben?

- Überschreite ich manchmal meine eigenen (psychischen oder körperlichen) Grenzen, um Tieren und ihren Menschen zu helfen?

- Kann ich mich von den Problemen anderer abgrenzen? Gelingt es mir, Aufträge abzulehnen, wenn ich an meinen Grenzen angelangt bin?

5 MEDITATION: GEISTFÜHRER – SEELENAUFTRAG

Für viele Menschen, die sich mit Energiearbeit beschäftigen, ist es weit mehr als ein Interesse oder ein Hobby. Es handelt sich eher um den Ruf der eigenen Seele, dem man folgt, indem man sich mit diesen Themen beschäftigt.

In dieser Meditation begegnet man abermals dem Geistführer und hat die Möglichkeit, etwas über den eigenen Seelenauftrag zu erfahren. Man kann sich vor der Meditation etwas zum Schreiben herrichten, um sich Notizen zu den Wahrnehmungen zu machen.

Nimm ein paar tiefe Atemzüge und spüre, wie du dich immer mehr entspannst. Lasse mit deinem Atem alle Gedanken, belastenden Emotionen und Verspannungen ziehen. Spüre, wie du mit jedem Atemzug mehr in deine Mitte und in deine Kraft gelangst.

Stelle dir nun vor, dass aus deinem Herzchakra ein goldener Weg emporwächst. Der Weg wächst immer höher und höher, in den Himmel hinein, durch die Wolkendecke hindurch und immer höher und höher in Richtung Universum.

Dein Schutzengel nimmt dich an der Hand und du gehst nun völlig sicher und geschützt diesen goldenen Weg hinauf, immer höher und höher, durch die Wolkendecke hindurch und immer höher und höher in Richtung Universum.

Schließlich kommst du zu einem goldenen Tor, das wie von allein aufschwingt. Tritt hindurch. Du gelangst in einen wunderschönen, strahlenden Wolkenraum. Das goldene Tor schwingt hinter dir wieder zu und du machst es dir auf den Wolken gemütlich. Spüre das Strahlen und die bedingungslose Liebe, die dieser Raum ausstrahlt.

Du bemerkst, dass sich um dich herum unzählige Engel, aufgestiegene Meister, Einhörner und andere Lichtwesen versammelt haben, die dich liebevoll begleiten und unterstützen wollen.

Aus dem Kreis der lichtvollen Gestalten tritt nun ein Wesen auf dich zu. Es ist dein Höheres Selbst, dein innerer göttlicher Kern. Dein Höheres Selbst blickt dich liebevoll an und ergreift deine Hand. Du spürst die bedingungslose Liebe und die kraftvolle Unterstützung, die von ihm ausgehen.

Nun löst sich aus dem Kreis der lichtvollen Wesen eine weitere Gestalt und tritt auf dich zu. Du spürst, welche Kraft und gleichzeitig Sanftheit von ihm ausgehen. Es ist dein Geistführer, der dich bereits durch viele Inkarnationen begleitet hat. Visualisiere nun einen starken Lichtstrahl oder Lichtkanal, der dich, dein Höheres Selbst und deinen Geistführer mit dem Licht des göttlichen Ursprungs durchflutet. Genieße diese Energie eine Zeit lang und nimm wahr, was sie in dir bewirkt.

Dein Geistführer und dein Höheres Selbst führen dich nun zu einer wunderschönen, flauschigen, weißen Liege, die ganz aus Wolken gemacht ist. Lege dich auf den Rücken und spüre, wie dein Körper sich völlig entspannt.

Dein Geistführer tritt auf dich zu. Er streicht deine Aura glatt. Mit seiner Energie wird deine Aura gereinigt. Er berührt nun dein Wurzelchakra. Spüre und sieh, wie alle Energien aus deinem Wurzelchakra gereinigt werden, die diese Reinigung brauchen. Atme dabei bewusst ein und aus. Unterstütze die Reinigung mit deiner Atmung.

Er berührt nun dein vorderes und hinteres Sakralchakra und verbindet sie auf diese Weise miteinander. Lasse die Reinigung jetzt in deinem Sakralchakra geschehen. Atme bewusst mit. Er berührt nun deinen vorderen und hinteren Solarplexus. Lasse die Reinigung jetzt in deinem Solarplexus geschehen. Atme bewusst mit. Und nun berührt er dein vorderes und hinteres Herzchakra. Es wird gereinigt. Lasse es geschehen und nimm ein paar bewusste Atemzüge.

Nun berührt er dein vorderes und hinteres Halschakra. Lasse die Reinigung in deinem Halschakra geschehen und atme bewusst mit.

Er berührt nun dein Stirnchakra. Lasse die Reinigung nun in deinem Stirnchakra geschehen und atme bewusst mit. Und schließlich berührt er dein Kronenchakra. Es wird gereinigt. Lasse es geschehen und atme bewusst mit.

Dein Geistführer berührt nun deine Aura. Er reinigt alle belastenden Energien aus deinen Auraschichten und deinem gesamten Chakrensystem. In dem Moment, in dem diese Belastungen deinen Geistführer berühren, werden sie transformiert. Beobachte diese Transformation. Die umgewandelte Energie kommt im selben Moment zu dir zurück.

Bleibe noch eine Zeit liegen und genieße die frischen Energien in deinem Energiesystem. Dein Geistführer nimmt dich jetzt liebevoll an der Hand und hilft dir, dich aufzusetzen.

Er reicht dir ein dickes, altes Buch mit wunderschönem Einband und Verzierungen. In diesem Buch sind die Seelenaufträge und die damit einhergehenden Herzenswünsche, Träume und Visionen aus all deinen menschlichen Inkarnationen aufgezeichnet. Beginne, in diesem Buch zu blättern.

Sieh dir an, aus welchen Gründen du dich dazu entschlossen hast, als Mensch zu inkarnieren. Immer und immer wieder. Sieh dir an, welche Gründe deine Seele hatte, sich all die Lasten und Mühen aufzuerlegen. Sieh dir an und lass dich darauf ein, was du dir für dieses Leben vorgenommen hast.

Dein Geistführer schlägt nun einige Seiten auf, die ganz besonders wichtig für dich und deinen jetzigen Seelenauftrag sind.

Lass dich von der Energie dieser Informationen durchströmen. Lass dich auf deinen Seelenauftrag ein.

Dein Geistführer schlägt nun ein Kapitel aus dem Buch auf, das auch von ganz besonderer Bedeutung ist. Hier sind die Versuchungen und Stolpersteine auf deinem Weg aufgezeichnet. Die Situationen, Menschen, Probleme, die dich besonders leicht von deinem Weg abbringen können. Sieh sie dir genau an und präge sie dir ein, damit du sie im Alltag, wenn sie getarnt sind, erkennen kannst.

Du hast nun die Möglichkeit, deinem Geistführer einige Fragen zu stellen. Du kannst ihn alles fragen, was für dich (besonders in der Tierenergetik) wichtig ist. Wenn du möchtest, notiere seine Antworten. Bedanke dich anschließend bei ihm.

Genieße noch einen Moment die Anwesenheit all der Lichtwesen, deines Höheren Selbst und deines Geistführers, die für dich da sind, die du immer um Hilfe und um Rat fragen kannst. Bedanke dich bei ihnen.

Gehe dann langsam wieder durch das goldene Tor und den goldenen Weg hinab. Tiefer und tiefer führt der Weg, den du mit deinem Schutzengel an der Hand beschreitest. Durch die Wolkendecke hindurch, die Erde kommt immer näher und näher. Gehe tiefer und tiefer, bis du wieder ganz in deinem Herzchakra angelangt bist. Ziehe den goldenen Weg wieder in dein Herzchakra ein und bringe es auf eine normale Größe.

Komme dann in deinem Tempo wieder ganz ins Hier und Jetzt zurück und öffne deine Augen.

NACHWORT

An dieser Stelle sind alle Tipps, Anleitungen, Techniken und Erfahrungsberichte von meiner Seite abgeschlossen. Es liegt nun an Ihnen, liebe Leserin, lieber Leser, Ihre eigenen Erfahrungen zu machen. Die Tiere, denen Sie ab sofort begegnen, stellen sich sicherlich gerne als Lehrmeister zur Verfügung. Ich habe dies bei meinen über 100 Ausbildungs-Absolventen/Absolventinnen immer wieder erlebt.

Wer in Verbindung mit seinem Höheren Selbst handelt, sich von den Tieren und der geistigen Welt leiten lässt, wird lernen, das Leben aus einer völlig neuen Perspektive zu betrachten.

Die energetischen Techniken, die in diesem Buch beschrieben wurden, entwickeln sich auch bei mir laufend weiter. Mit jedem Tier, das ich begleite, jeder Erfahrung, die ich mache, jeder Erkenntnis, die ich habe. Wenn Sie sich darauf einlassen, werden die Tiere Ihnen wahrlich den Zugang zu neuen Dimensionen zeigen. Sie entscheiden selbst, ob Sie durch die Türen, die sich dadurch öffnen, treten. Ich kann Ihnen versichern, dass sich jeder einzelne Schritt lohnt.

Ich wünsche Ihnen und Ihren Tieren alles Gute.

Herzlichst,

Ihre Barbara Fegerl

MEDITATIONS-CD

Die dem Buch beigefügte CD enthält die Meditationen des Buches in gesprochener Form (als MP3-Dateien).

16. Meditation: Hintergründe körperlicher Symptome 45:35

17. Meditation: Kommunikation mit einem Körperteil 26:55

18. Meditation: Kommunikation mit Zellen 27:12

19. Meditation: Karmareise mit einem Tier 32:22

20. Meditation: Karmafernsehen 26:49

21. Meditation: Heilung alter Traumata
mit Erzengel Uriel 44:43

22. Meditation: Höheres Selbst 18:45

23. Meditation: Hellhören 46:14

24. Meditation: Hellwissen 31:44

25. Meditation: Hellsehen 26:38

26. Meditation: Geistführer – Seelenauftrag 27:55

LITERATURHINWEISE

Aura- und Chakrenarbeit am Menschen
> Barbara Ann Brennan: Licht-Arbeit. Heilen mit
> Energiefeldern.
> Arkana Goldmann Verlag 1998

Spiegelgesetz
> Christa Kössner: Die Spiegelgesetz-Methode.
> Praktischer Wegweiser in die Freiheit.
> Ennsthaler Verlag 2008
> Christa Kössner: Mein Haustier spiegelt mich.
> Ennsthaler Verlag 2007

Krafttiere
> Jeanne Ruland: Krafttiere begleiten Dein Leben.
> Schirner Verlag 2004
> Jeanne Ruland: Krafttiere und Helfertiere –
> Weitere Begleiter für dein Leben.
> Schirner Verlag 2009

Inneres Kind
> Susanne Hühn: Die Heilung des inneren Kindes.
> Sieben Schritte zur Befreiung des Selbst.
> Schirner Verlag 2008

Hintergründe von Krankheiten
> Thorwald Dethlefsen, Ruediger Dahlke: Krankheit
> als Weg: Deutung und Be-Deutung der Krankheitsbilder.
> Goldmann Verlag 2000

> Ruediger Dahlke: Krankheit als Sprache der Seele.
> Be-Deutung und Chance der Krankheitsbilder.
> Goldmann Verlag 1997

Louise L. Hay: Heile deinen Körper: Seelisch-geistige
Gründe für körperliche Krankheit und ein ganzheitlicher
Weg, sie zu überwinden.
Lüchow Verlag 2009

Claudia Rainville und Helga Schenk: Metamedizin.
Jedes Symptom ist eine Botschaft.
Silberschnur Verlag 2007

Christiane Beerlandt: Der Schlüssel zur Selbstbefreiung:
Psychologischer Ursprung von 1100 Erkrankungen.
Enzyklopädie der Psychosomatik.
Beerlandt Verlag 2006

Energiearbeit mit dem Körper
Joachim Bauer: Das Gedächtnis des Körpers:
Wie Beziehungen und Lebensstile unsere Gene steuern.
Piper Verlag 2004

Horst Krohne: Organsprache-Therapie. Neueste
Methoden der Geistheilung in Verbindung mit Aura
und Meridianen.
Ansata Verlag 2003

Karma
Claire Avalon: El Morya. Was ihr sät das erntet ihr.
Smaragd Verlag 1998

Traumaarbeit
Peter A. Levine: Trauma-Heilung: Das Erwachen
des Tigers.
Unsere Fähigkeit, traumatische Erfahrung zu
transformieren.
Synthesis Verlag 1999

TIERKOMMUNIKATIONS- UND TIERENERGETIK-AUSBILDUNG

Die Ausbildung richtet sich an alle, die viel mit Tieren zu tun haben und nach Wegen suchen, Tiere auf verschiedenen Ebenen zu unterstützen: körperlich, emotional, mental und seelisch.

Nahezu alle vermittelten Techniken können zur energetischen Arbeit mit Tieren, mit Menschen und zur Selbsterfahrung genützt werden. Der Weg zur ganzheitlichen Arbeit mit Tieren ist immer auch ein Weg zu sich selbst, zum eigenen inneren Kern, und beinhaltet persönliche und spirituelle Weiterentwicklung.

In der Ausbildung wird die Theorie jeweils mit praktischen Übungen gefestigt. Die Selbsterfahrung ist ein bedeutender Bestandteil der Ausbildung, denn nur wer eigene Themen bei sich selbst angeschaut, reflektiert und erlöst hat, kann andere (Mensch oder Tier) optimal auf diesem Weg unterstützen.

MODUL 1: TIERKOMMUNIKATIONS-SEMINARE
(3 Wochenenden)

BASIS-SEMINAR

Der Schwerpunkt dieses Seminar ist es, eigene Gedanken von den Mitteilungen der Tiere zu unterscheiden, erste Gespräche zu führen und die Grundregeln der telepathischen Kommunikation kennenzulernen.

AUFBAU-SEMINAR

In diesem Seminar werden der Dialog vertieft, die Kommunikation auf Seelenebene trainiert und unterschiedliche Spezialgebiete der

Tierkommunikation erläutert: Gespräche mit dem eigenen Tier, Spiegelgesetz, vermisste Tiere, traumatisierte Tiere, Körperscan.

SPEZIAL-SEMINAR

Wir beschäftigen uns mit der Begleitung von Sterbe-, Abschieds- und Trauerprozessen und führen Gespräche mit verstorbenen Tieren.

MODUL 2: GRUNDLEGENDE TECHNIKEN DER GEISTIGEN ENERGIEARBEIT MIT TIEREN
(3 Wochenenden)

- Selbsterfahrung, Bewusstseinsarbeit

- Lichtarbeit: Kanal sein für universelle Lebensenergie und diese für sich selbst und andere (Mensch+Tier) nutzen

- Aura- und Chakrenwahrnehmung

- Grundlegende Techniken der Aura- und Chakren-harmonisierung und der Energiearbeit

- Tiere als Spiegel, Arbeit mit und an Beziehungssystemen

- Anwendung von Farben

- Meditationen mit Tieren

- Energetische Hygiene, Umgang mit Fremdenergien, energetischer Selbstschutz

- geistige Aura- und Chakrenarbeit bei Tieren: Wahr-nehmung, Reinigung, Harmonisierung, Vitalisierung und Stabilisierung

- Energiearbeit mit dem inneren Kind

- Yin/Yang-Harmonisierung

- Energiearbeit in Verbindung mit dem eigenen höheren Selbst und dem höheren Selbst der Tiere

HELLSINNE-TRAINING
(1 Wochenende)

- Intensivierung der Wahrnehmung (Chakren- und Aura-Reading, Tierkommunikation)

- Lösung von Wahrnehmungs-Blockaden

- Hellsehen, Hellhören, Hellfühlen, Hellwissen

MODUL 3: FORTGESCHRITTENE TECHNIKEN DER TIERENERGETIK
(3 Wochenenden)

- Integrativ-ganzheitliche geistige Energiearbeit auf allen Ebenen (körperlich, emotional, mental, geistig, seelisch)

- Energiearbeit und geistige Kommunikation mit Organen, Drüsen, Gelenken, Knochen, Nervensystem, Immunzellen

- Chakrenarbeit in allen Auraschichten

- Gesundheit und Krankheit aus energetischer Sicht

- Dynamik von Krankheiten, Blockaden, Disharmonien

- Reinkarnationsarbeit, Auflösung von karmischen Blockaden

- Energiearbeit mit Hilfe von Lichtwesen und Krafttieren

- Atlantische und lemurianische Techniken der geistigen Energiearbeit

- Ethik in der Tierenergetik

- Rechtliche Rahmenbedingungen der Tierenergetik in Österreich

VERANSTALTERIN DER AUSBILDUNG

Fegerl KG
Mag. Barbara Fegerl
Redtenbachergasse 54/15, 1160 Wien

Tel: +43-664-73 82 47 31

Mail: info@seelenfluestern.net
Web: www.seelenfluestern.net

Hinweis: Tierenergetik kann und will keinen Besuch beim Tierarzt ersetzen. Es werden keine Diagnosen gestellt und keine Krankheiten behandelt. Es handelt sich um eine rein geistig-energetische Methode zur Harmonisierung des Energiesystems.

Die Ausbildung kann sowohl mittels Präsenztermine in Wien als auch online absolviert werden.

Alle Informationen zu Terminen und Preisen sind auf der Website **www.seelenfluestern.net** bereitgestellt.

DIE AUTORIN

Mag. Barbara Fegerl studierte Betriebswirtschaft und Psychologie, bevor sie ihrer Berufung folgte. Ihre Arbeit als Human- und Tierenergetikerin basiert auf dem Aura- und Chakrensystem. Einen Schwerpunkt setzt sie dabei auf die seelische Ebene, die sie als einen Schlüssel zur Lösung vieler hartnäckiger energetischer Blockaden sieht. Bei ihrer Arbeit mit Menschen und Tieren nutzt sie erfolgreich Techniken der Geistheilung sowie Aura- und Chakrenarbeit. In zahlreichen Seminaren und Ausbildungen im Rahmen ihrer Praxis „Seelenflüstern" in Wien gibt sie ihr Wissen und ihre Erfahrungen weiter.

Weitere Arbeitsbereiche sind die telepathische Kommunikation mit Babys und Kleinkindern, Tierkommunikation und Channeling.

Nähere Informationen über Seelenflüstern finden Sie auf: **www.seelenfluestern.net**